高效养殖关键技术图说系列

图说高效养蛋鸡关键技术

陈继兰　姜润深　编著

金盾出版社

内 容 提 要

本书由中国农业科学院北京畜牧兽医研究所畜牧专家编著。编著者采取图片加文字说明的方法，对蛋鸡品种的选择，鸡舍的建造，饲料配制，雏鸡、育成鸡和产蛋鸡的饲养管理，蛋鸡场的日常消毒与防疫进行了较详细的介绍。

本书内容新颖，图文并茂，技术细节叙述清楚，通俗易懂，是蛋鸡饲养者一本较好的自学教材。

图书在版编目(CIP)数据

图说高效养蛋鸡关键技术/陈继兰，姜润深编著.—北京：金盾出版社，2007.10

(高效养殖关键技术图说系列)

ISBN 978-7-5082-4697-0

Ⅰ.图… Ⅱ.①陈…②姜… Ⅲ.卵用鸡-饲养管理-图解 Ⅳ.S831.64

中国版本图书馆CIP数据核字(2007)第150193号

金盾出版社出版、总发行

北京太平路5号(地铁万寿路站往南)

邮政编码:100036 电话:68214039 83219215

传真:68276683 网址:www.jdcbs.cn

封面印刷:北京精彩雅恒印刷有限公司

正文印刷:北京精美彩印有限公司

装订:兴浩装订厂

各地新华书店经销

开本:787×1092 1/32 印张:2.75 字数:50千字

2009年2月第1版第3次印刷

印数:23001—33000册 定价:10.00元

目　　录

第一章　蛋鸡品种的选择 /1

一、蛋鸡品种选择的依据 /1

二、高产蛋鸡品种 /2

三、优质地方蛋鸡品种 /5

第二章　科学建造鸡舍 /7

一、鸡场场址的选择 /7

二、鸡舍的类型 /8

第三章　种蛋孵化关键技术 /12

一、选择恰当的孵化机 /12

二、孵化场所的清洁与消毒 /13

三、种蛋的挑选与消毒 /13

四、种蛋的保存 /14

五、码蛋和入孵 /15

六、孵化温度和湿度 /15

七、通风换气和翻蛋 /16

八、照蛋 /16

九、落盘 /18

十、出雏和健雏的挑选 /18

十一、雏鸡雌雄鉴别 /19

十二、接种马立克氏病疫苗 /19

第四章　蛋鸡饲料配制关键技术 /20

一、蛋鸡需要的营养成分 /20

二、蛋鸡的饲养标准 /20

三、蛋鸡饲料的主要原料及质量鉴别 /21
四、蛋鸡饲料的配制 /24
第五章 育雏关键技术 /31
一、育雏舍的要求 /31
二、适合专业户的育雏方式 /31
三、适合专业户的育雏加温方式 /33
四、雏鸡选购要领 /36
五、饲养管理 /37
第六章 育成期饲养关键技术 /45
一、明确育成鸡的培育目标 /45
二、育成鸡的饲养方式 /46
三、育成鸡的饲养管理 /46
四、体重和均匀度的控制 /49
五、控制性成熟 /52
第七章 产蛋鸡饲养关键技术 /54
一、笼养产蛋鸡的饲养管理 /54
二、放养鸡的饲喂技术 /67
第八章 蛋鸡场的日常消毒与防疫 /73
一、消毒与防疫的重要性 /73
二、日常消毒 /74
三、蛋鸡场废弃物的无化害化处理 /78
四、免疫 /79
五、重要的综合防疫措施 /83
参考文献 /84

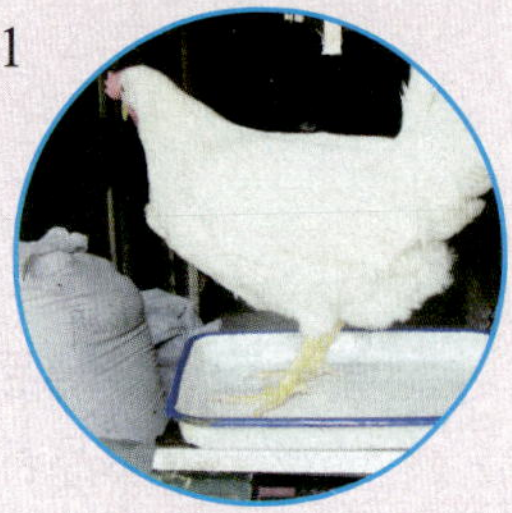

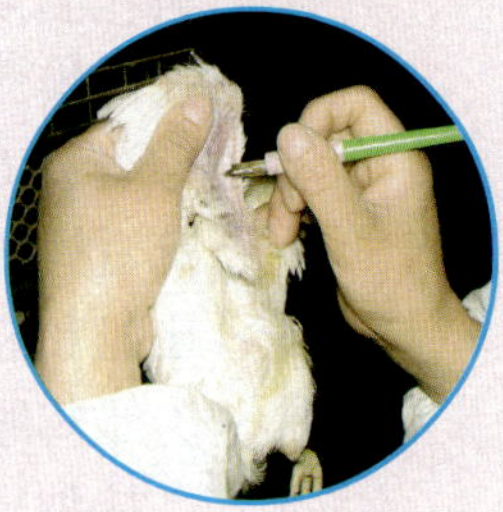

第一章　蛋鸡品种的选择

一、蛋鸡品种选择的依据

蛋鸡品种的选择，要考虑市场要求、品种的适应性、生产性能及饲养者的管理水平，不可只考虑生产性能的高低，而忽略了其他方面。

（一）根据市场需要进行选择

工厂化蛋鸡生产，规模大，产量高。产品均面向市场，只有被市场接纳，才能成为商品。所以，引进什么样的品种，应进行市场调查，根据市场的需求确定饲养品种和生产规模。

（二）根据生产条件选择

品种的形成受自然条件的影响较大。一般高产品种对环境、饲料质量和管理水平要求较高，而低产品种对饲养条件要求较低，相对好饲养。

如果饲养经验不足，应首选抗病力和抗应激能力较强的品种（图 1–1）；如果饲养条件好，且有一定饲养经验的农户，可以首选产蛋性能突出的品种（图 1–2）。

图 1–1　条件较差饲养抵抗力较强品种

图 1–2　条件较好则饲养产蛋量高的品种

（三）对种鸡场的选择

目前，我国已经形成了蛋鸡良种繁育体系，世界上最优秀的蛋鸡品种我国都曾引进，而且国内也培育了一些生产性能优良、适应强的商品配套系。在我国现有的生产条件下，这些品种没有表现出显著的差异。如果有差异，多是由于种鸡场或孵化场管理不良造成的。所以，无论选购哪一个品种，都应该到具有正式生产许可证、技术力量雄厚、有丰富生产经验、规模较大、未发生过严重疫情的种鸡场购买鸡苗（图 1–3）。

图 1–3　规范化种鸡场

二、高产蛋鸡品种

用现代育种方法培育的杂交配套蛋鸡品种，根据蛋壳颜色的不同，分为白壳蛋鸡、褐壳蛋鸡和粉壳蛋鸡。

（一）白壳蛋鸡

白壳蛋鸡种主要是以白来航鸡品种为基础培育而成，是以产白壳鸡蛋为典型特征，是蛋用型鸡的典型代表。特点是开产早、体型小、耗料少、产蛋的饲料报酬高，单位面积饲养的鸡数多、产蛋数多，无就巢性，适应性强。缺点是蛋重小，鸡胆小怕人，易受惊吓；啄癖较多，尤其在开产初期啄肛造成的伤亡率较高。在我国白壳蛋不如褐壳蛋受欢迎，因而价格也稍低。白壳蛋鸡占市场份额的15%左右，品种有海兰白（图1–4）、罗曼白、迪卡白、尼克白、伊莎巴布考克B–300等。72周龄入舍母鸡产蛋数260～280个，蛋重59～62克，产蛋期存活率92%，料蛋比2.1～2.4∶1。优良品种的蛋鸡品种生产性能在遗传上没有显著差异，如果有差异，主要是生产过程中的管理不良造成的。

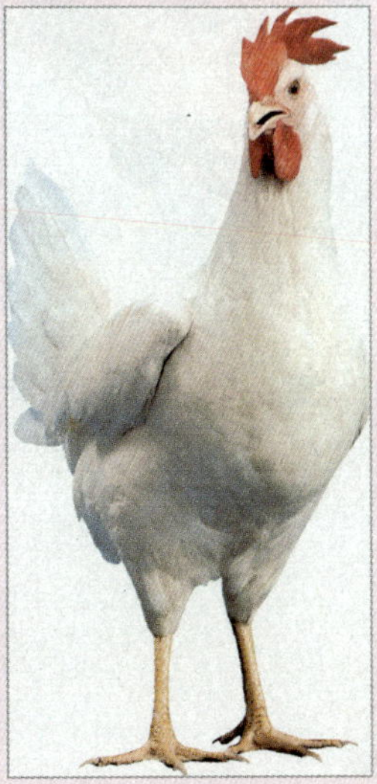

图1–4　海兰白壳蛋鸡

（二）褐壳蛋鸡

褐壳蛋鸡种羽色大多为红褐色，蛋壳为褐色，杂交鸡可以羽色自别雌雄。特点是体重较大，蛋重较大，产蛋率较高；抗寒性较强，冬季产蛋率较平稳；啄癖比白壳蛋鸡少，因而死淘率较低；蛋的破损率较低，适于运输和保存；性情较温驯，抗应激能力较强，在管理水平不高的情况下，也能获得较稳定的产蛋成绩。缺点是由于鸡体型较大，采食量比白色鸡多5～6克/天，如果饲喂过量，容易使鸡过肥，影响产蛋；由于体型较大，单位面积养鸡数量比白鸡少约15%，产蛋少5%～7%；由于体型较大，夏季抗炎热能力较差。褐壳蛋鸡占市场份额的70%左右，主要品种有海兰褐（图1–5）、伊莎褐、罗斯褐、迪卡褐、海赛克斯褐、尼克褐和新杨褐（图1–6）等。

图1–5　海兰褐壳蛋鸡

图1–6　罗曼褐壳蛋鸡

开产日龄一般为5～5.5月龄，成年母鸡体重2～2.2千克，年产蛋数260～290个，蛋重大部分62克以上，产蛋期料蛋比2.4～2.5：1。产蛋期存活率91%～95%。

（三）粉壳蛋鸡

粉壳蛋鸡是由白壳蛋鸡与褐壳蛋鸡杂交而成的。它的显著特点是能表现出较强的白壳蛋与褐壳蛋的杂交优势，产蛋多，饲料报酬高，单位面积的饲养量接近于白壳蛋鸡，抗应激能力比较强。但缺点是生产性能不稳定。粉壳蛋鸡品种有罗曼粉、尼克珊瑚粉、华都京粉D98和农大3号小型粉壳蛋鸡（图1-7）等。

图1-7　农大3号小型粉壳蛋鸡

三、优质地方蛋鸡品种

中国地方鸡品种繁多，被《中国家禽品种志》列为蛋用型品种的有仙居鸡和白耳黄鸡，同时原产于江西东乡的黑羽绿壳蛋鸡近些年来发展很快。此外，随着散养蛋鸡的发展，一些著名蛋肉兼用型品种如北京油鸡和固始鸡的配套系也在生产中迅速发展。

（一）仙居鸡

仙居鸡是优良的小型地方蛋用型品种，浙江仙居县是主要产区。该品种体型小，性情活泼，容易受惊。羽色较杂，但以黄色为主，颈羽颜色较深（图1-8）。180日龄母鸡体重在950克左右。

图1-8　仙居鸡

仙居鸡一般在150～180日龄开产，年产蛋数为180～200枚，蛋壳以浅褐色为主，平均蛋重42克。该品种有10%～20%的母鸡抱窝。

（二）白耳黄鸡

白耳黄鸡属于蛋用型地方鸡种，原产于江西上饶地区和浙江江山市。体型较小，具有三黄特点，即黄羽、黄喙、黄脚，耳叶为白色（图1–9）。母鸡150日龄平均体重为1 020克。开产日龄平均为150天，平均年产蛋180枚，蛋壳深褐色，平均蛋重为54克。

图1–9　白耳黄鸡

（三）绿壳蛋鸡

绿壳蛋鸡羽色有黑色或黄褐色等。蛋壳以绿色为主，但深浅不同，纯种绿壳蛋鸡产蛋量低，一般多用高产蛋鸡杂交，以提高产蛋量。目前国内的绿壳蛋鸡多由江西省东乡黑羽绿壳蛋鸡(图1–10)培育而成。该鸡种体型较小，羽色全黑，皮、骨、肉、内脏、喙和趾均为乌黑色。母鸡28周龄体重约1300克，24～26周龄开产，年产蛋数约150枚，平均蛋重为50克。

图1–10　东乡黑羽绿壳蛋鸡

第二章　科学建造鸡舍

一、鸡场场址的选择

鸡场和鸡舍是鸡群赖以生存的环境。因此，合理选择场址，科学建造鸡舍，是保证鸡群健康的基本条件。

（一）选　址

鸡场的选址，要考虑地势、水源、交通和环境因素。要求地势较高、平坦而又有一定斜坡；水源充足且符合卫生要求；交通便利同时又偏离交通干线400米以上，离公路支线100至150米为宜，同时满足运输和防疫的要求；距离居民生活区要500米以上，距离屠宰场兽医院和工厂等至少3000米；供电有保障。

（二）鸡场布局

总体要求是主生产区（鸡舍）与生活区等分开；育雏育成舍与产蛋舍分开，且育雏育成鸡舍在上风向；饲料道与粪道分开。鸡舍间相隔20～40米（图2–1）。

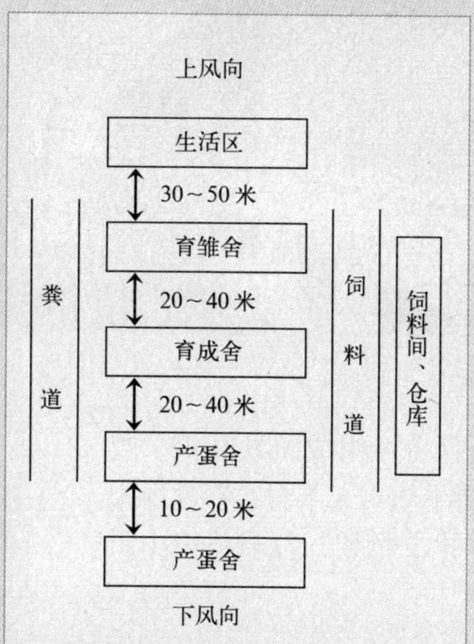

图2–1　鸡场布局模式图

二、鸡舍的类型

（一）密闭半密闭式

密闭式、半密闭式鸡舍一般为砖瓦结构或钢板活动房。密闭式鸡舍窗户小，仅在停电时应急使用。鸡舍保温较好，采用人工光照和机械通风，修建和使用成本较高（图2–2）。育雏舍要求保温性能好，一般修建成密闭式。半密闭式窗户稍大，可利用自然光照，外界温度适宜时可开窗通风，省电。北方寒冷地区蛋鸡场采用半密闭式较多（图2–3）。

图2–2　密闭式鸡舍

图2–3　半密闭式鸡舍

（二）开 放 式

开放式鸡舍由鸡舍和运动场两部分组成（图2–4）。鸡舍阳面墙壁留有地窗(图2–5)，便于鸡出入鸡舍。鸡舍内为水泥地面，便于冲洗消毒，舍内设置栖架，每只鸡不少于

18～20厘米栖架位置。每栋棚舍装300～500只青年鸡或300只左右蛋鸡。

开放式鸡舍为有窗鸡舍，自然通风，充分利用自然光照，南方养鸡普遍采用，北方用于放养期的育成鸡和产蛋鸡。

图2–4　开放式产蛋鸡舍

图2–5　开放式产蛋鸡舍地窗

（三）简易棚舍

适合养鸡的简易棚舍有塑料大棚（图2–6，图2–7）和卷帘式鸡舍（图2–8）。

根据当地情况，可用砖块、钢管、角铁、竹竿或木棍等做支架，四周和棚顶可采用塑料膜、篷布、塑编布或石棉瓦等。一般每个棚舍容纳200～300只青年鸡或产蛋鸡。常用的是日光温室或塑料大棚，冬季可充分利用太阳能加温，夏天棚顶加盖1.5厘米厚的麦秸或草帘，以便降温防暑。冬天气温低下时，扣上塑料薄膜，晚上加盖草帘，棚内温度可达到12℃～18℃。塑料大棚养鸡既可笼养，也可地面平养。

图 2–6　塑料大棚笼养蛋鸡

图 2–7　塑料大棚平养蛋鸡（刘华贵提供）

图 2–8　简易卷帘式鸡舍

（四）放养场地的选择

1. 林地果园饲养　要选择果树主干略高和农药用量少的果园，如枣、柿、桑、核桃园等最好，其次是山楂园。梨、桃和苹果园养鸡，应避开果实期和用药期，以避免鸡啄食果实和遭受药害。灌木丛、阔叶林和荆棘地是较好的放养鸡场所。林地树枝要高于鸡舍，便于鸡舍通风。果园林地可种植苜蓿喂鸡，不仅能使蛋黄颜色更黄，同时提供优质蛋白质。每 667 平方米饲养 100～200 只（图 2–9）。

图 2–9　林地散养鸡

2.草地养鸡　草山、草坡、草场养鸡，鸡可采食到大量青草、昆虫和矿物质。配合灯光和激素诱虫技术，还可以灭蝗虫，降低草场虫害（图2–10）。草场如果没有树木防雨遮阳，则需搭建遮阳棚，且应建在地势较高、背风向阳的地方。每667平方米可养鸡300～500只。

图 2–10　草地养鸡

林地、果园、山地和草坡放养，需圈地轮牧，即用围网隔开，每片地667～1 334平方米，饲养一批后空闲半年至1年，既有利于虫草再生，同时有利于病原微生物的自动清除。

第三章　种蛋孵化关键技术

由于电孵化机的不断发展，目前无论大型种鸡场、孵化场，还是农村小型个体孵化场，基本都采用电孵法，只是孵化机的容量大小不同而已。电孵的优点是操作简便，节省人力，清洁且节省能源，同时容易上规模。电孵法的关键技术如下。

一、选择恰当的孵化机

孵化机有巷道式和箱式。箱式孵化器容蛋量可以几千枚至2万枚左右，常见的有16 800型（满孵16 800个种蛋）和19 200型（满孵19 200个种蛋）。一般中小型孵化厂使用箱式孵化器（图3–1）。通过控制面板的程序设定，能够实现自动控制温度、湿度和转蛋。目前国内比较好的品牌有依爱牌、三江牌等。

外观　　内部结构　　控制面板

图3–1　箱体式孵化机

二、孵化场所的清洁与消毒

孵化的前几天，对孵鸡的房间、地面及用具进行清洁消毒（图 3–2）。先打扫干净，然后用清水冲洗，等水干了以后，用消毒水喷洒或或喷雾消毒。常用消毒液的用法见表 3–1。

表 3–1　常用消毒液的用法

消毒药名称	配　比	消毒次数
过氧乙酸	5 份药：995 份水	每周 1 次
新洁尔灭	5 份药：95 份水	每周 1 次
火碱液	1 份药：99 份水	每周 1 次

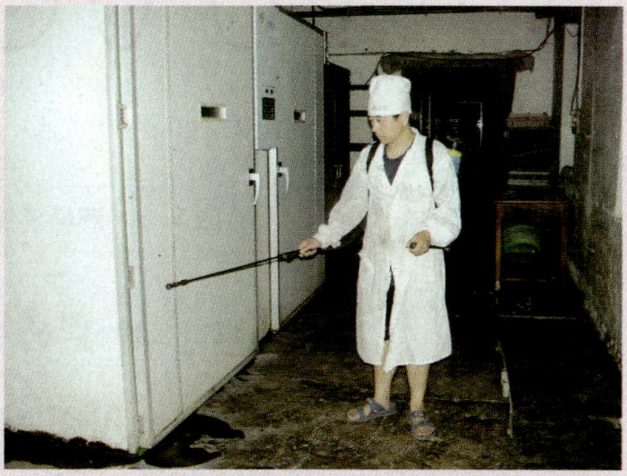

图 3–2　孵化室消毒

三、种蛋的挑选与消毒

种鸡发生疾病时期，特别是发生能垂直传播的疾病时，种蛋不宜孵化。种蛋大小要适中，种鸡刚开产时的种蛋偏小，一般不可用于孵化。种蛋表面要求干净，蛋形不能过长或过圆；蛋壳要均匀，剔除蛋壳过厚或过薄的种蛋；剔除破蛋或裂纹蛋（图3–3）。

种蛋收集应每1～2小时进行1次，收集后立即进行熏蒸消毒。每立方米空间用28毫升福尔马林，熏蒸20分钟，通风30分钟。福尔马林熏蒸要注意安全，防止药液溅到人身上和眼睛里，消毒人员最好戴防毒面具，防止福尔马林气体吸入人体内。

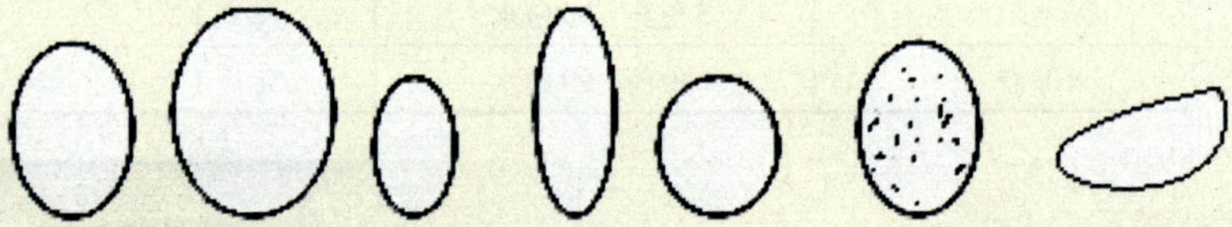

图3–3 严格挑选种蛋

四、种蛋的保存

保存种蛋的温度适宜，才能有较高的孵化率（表3–2）。种蛋产出后，不要立即放入蛋库，通常过几个小时才放入蛋库，让蛋慢慢自然降温。

表3–2 种蛋保存时间与保存温度

保存时间	7天以内	7～14天
保存温度	15℃～18℃	13℃～15℃

五、码蛋和入孵

把种蛋排放在孵化炕上、缸里、桶里或蛋盘上叫码蛋。排放种蛋时，应将大头斜向上，千万不能小头向上（图3–4）。码好蛋后放在炕上，或放入容器以后就可以加温，温度要慢慢升高，在干燥季节，孵化的房间里应该经常洒水，保持一定的湿度。

图3–4　种蛋的大头一定斜向上方

六、孵化温度和湿度

种蛋周边最适宜的孵化温度为：1～18天，37.8℃；19天～出壳，37.2℃～37.3℃（图3–5）。孵化房间温度最好保持在22℃～24℃之间。应每隔2小时检查1次温度，并做好记录。

种蛋周边适宜相对湿度为55%～60%，出雏期相对湿度要高一些，65%～75%即可。孵化房间的湿度为75%左右。

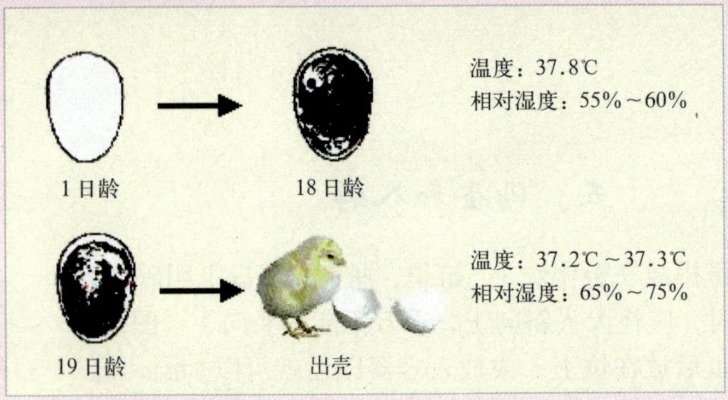

图 3–5　不同时期适宜的孵化温度和湿度

七、通风换气和翻蛋

孵化期间，要保持孵化房间和孵化容器内的通风换气。

孵化的 1～18 天，每 2 小时翻蛋 1 次，翻蛋角度为前、后各 45°（图 3–6），18 天后停止翻蛋。自动孵化器能自动翻蛋。

图 3–6　翻蛋（向里翻 45°，平放，向外翻 45°）

八、照　蛋

一般在孵化的 5～7 天进行第一次照蛋（图 3–7，图 3–8），主要为了剔除无精蛋、弱胚蛋和死胚蛋，同时观察胚胎发育是否正常。正常胚蛋的血管网鲜红，扩散较广，胚胎呈一黑点（眼珠），转动胚蛋时，黑点跟着转动。如果血管较细，或仅有血线或血环，一般为弱胚或死胚；不见血管和黑点的为无精蛋。一般在孵化的17～18天进行第二次照蛋，主要任务是剔除死胚蛋。正常胚蛋已占满蛋内空间，除气室外，蛋内发暗，气室边缘弯曲，血管粗大，清晰可见（图3–9）。死胚蛋则气室边缘模糊，边缘弯曲不明显，气室附近没有血管，有时可见小头发亮。

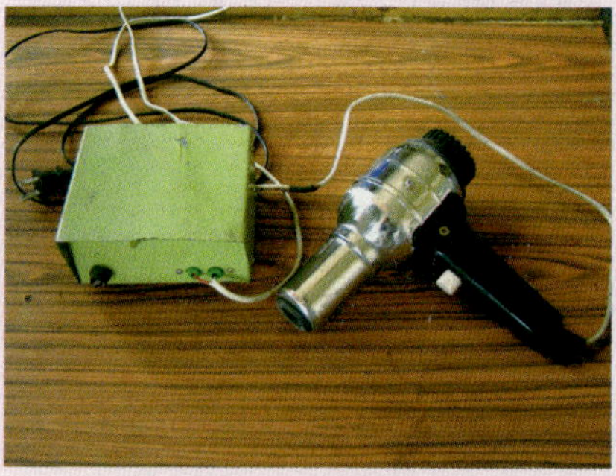

图3–7　照蛋器

图3–8　照蛋（孵化的5～7天进行）

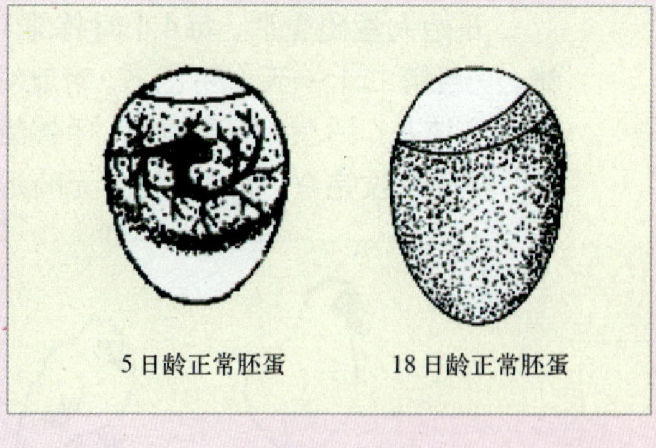

图3–9　发育正常的胚胎

九、落 盘

如果种蛋码在蛋盘里孵化，第二次照蛋结束，应将胚蛋移到出雏盘，称为落盘（图3-10）。出雏盘的胚蛋不要放置太多太挤，胚蛋不能叠层。落盘后继续孵化，此时不要转蛋，孵化温度以37.2℃～37.3℃为宜，孵化机内湿度增加至65%～75%，同时增加通风量。

图3-10　150枚出雏盘

十、出雏和健雏的挑选

开始大量出壳后，每4小时拣雏1次，也可以一次性拣雏，一般第二十一天就可出齐。对雏鸡要进行挑选，健康的雏鸡应该是：活泼、叫声清脆、手握雏鸡挣扎有力、羽毛光亮、卵黄吸收完全，无大肚子，无畸形，能站立（图3-11）。

图3-11　挑选健雏饲养

十一、雏鸡雌雄鉴别

自别雌雄：褐壳蛋鸡可以通过羽色自别雌雄。银白色为公雏，褐色为母雏。如果是快慢羽自别雌雄，则快羽是母鸡，慢羽是公鸡。

翻肛鉴别：翻肛鉴别应在雏鸡出壳后 24 小时内进行，由专业人员来完成（图 3–12）。

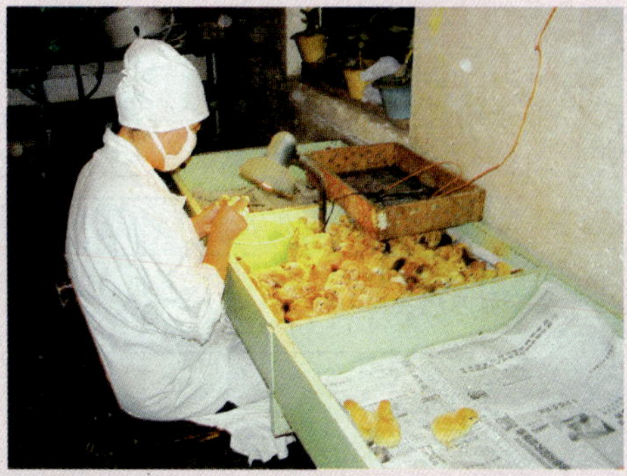

图 3–12　翻肛鉴别公母

十二、接种马立克氏病疫苗

性别鉴定后，母雏鸡要注射马立克氏病疫苗，而且要在 24 小时以内完成（图 3–13）。采用颈部皮下注射，每只雏鸡 1 头份（0.2 毫升）。另外，要注意鸡马立克氏病活疫苗不得与其他疫苗混合使用。

图 3–13　注射马立克氏病疫苗

第四章 蛋鸡饲料配制关键技术

一、蛋鸡需要的营养成分

见表 4–1。

表 4–1 蛋鸡需要的营养成分

营养成分	作用	供给不足时
碳水化合物	用于生长、产蛋和维持体重	生长慢，产蛋减少，蛋重小
蛋白质	主要用于生长和产蛋	产蛋量降低，蛋重减小
钙和磷	用于骨骼生长和蛋壳形成	蛋壳变薄变糙，破蛋、软蛋多
微量元素（铜、铁、锰、锌、硒、碘）	生长和产蛋必需	生长受阻，产蛋下降，蛋壳质量下降
维生素A、维生素D、维生素E、维生素K、维生素B_1、维生素B_2、维生素B_6、维生素B_{12}、烟酸、泛酸、生物素、叶酸、胆碱	用于生长、产蛋和维持蛋壳质量，增强抗病力	生长缓慢，抗病力下降，各种缺乏症发生
水	维持生命、生长和产蛋	抗病力下降，产蛋量下降

二、蛋鸡的饲养标准

蛋鸡各阶段的营养需要量依鸡的品种、当地饲养条件和气候等不同而有所差异。一般范围见表 4–2。

表 4-2　蛋鸡各阶段营养需要量

营养素	育雏期（0～8 周龄）	育成期（9～18 周龄）	19 周龄～开产	产蛋率 >85%	产蛋率 <85%
能量（兆焦 / 千克）	11.91	11.70	11.50	11.29	10.87
蛋白质，%	19.0	15.5	17.0	16.5	15.5
钙，%	0.90	0.80	2.00	3.5	3.5
有效磷，%	0.38～0.42	0.30～0.32	0.32～0.35	3.2	3.0
蛋氨酸，%	0.37	0.27	0.34	0.34	0.32
蛋＋胱氨酸，%	0.74	0.55	0.64	0.65	0.56
赖氨酸，%	1.00	0.68	0.70	0.75	0.70

三、蛋鸡饲料的主要原料及质量鉴别

（一）主要原料及用量范围

见表 4-3。

表 4-3　主要原料及用量范围　（%）

类型	原料名称	用量范围	特　性
能量饲料	玉　米	45～70	能量高
	小　麦	15～25	含抗营养因子，必须添加酶制剂
	高　粱	<10	涩口，影响食欲
	小麦麸	5～30	适口性好，但粗纤维含量较高
	米　糠	<8	粗纤维含量高
	酒　糟	1～5	适口性好，粗纤维含量高
蛋白质饲料	鱼　粉	1～5	蛋白质含量高，质量好；含盐量不能过高；防止酸败
	豆　粕	15～30	蛋白质含量高，生豆粕含抗营养因子，易造成腹泻
	花生粕	<10	含赖氨酸低，容易发霉
	棉籽粕	<8	需脱毒使用，产蛋期不宜大量使用

续表 4-3

类型	原料名称	用量范围	特　性
蛋白质饲料	菜籽粕	<8	需脱毒使用，雏鸡不宜使用
	玉米胚芽粕	1～5	是很好的鸡饲料。产量低，容易掺假
	芝麻粕	<5	赖氨酸低，难消化，雏鸡不用，大鸡少用
	葵花粕	<10	氨基酸不平衡，需与其他饼（粕）搭配使用
	胡麻粕	<6	含有毒物，不宜大量使用，雏鸡不宜使用
	米糠粕	<5	粗纤维含量高
	玉米蛋白粉	<5	赖氨酸含量低；可加深蛋黄颜色
	苜蓿草粉	5～10	可有效增加蛋黄颜色

（二）主要原料的质量鉴别方法

1.玉　米　玉米质量鉴别方法见表 4-4。

表 4-4　玉米质量鉴别方法

测定内容	测定方法	质量判断水分
水　分	用水分快速测定仪检测和感官检测 感官检测采取看脐部、牙齿咬、手指掐和看外表的方法 水分含量 14%～15%，脐部明显凹下，有皱纹，牙齿咬，震牙，有清脆声，手指掐，费劲，大把握有手刺感 水分含量 16%～17%，脐部明显凹下，牙齿咬，不震牙，有响声，手指掐，稍费劲 水分含量 18%～20%,脐部稍凹下，牙齿咬，易碎，稍有声，手指掐不费劲，外处有光泽 水分含量 21%～22%，脐部不凹下，平，牙齿咬，极易碎，手指掐后极易合拢，外观有较强光泽	如果水分超过 14%，可要求扣除水分差价
杂　质	取 100 克玉米，用 8 目筛筛分，筛下物与筛上明显杂质的重量加起来就是杂质的百分含量	超过 5% 则要求扣除杂质差价
霉粒含量	取 100 克玉米，从中挑出发霉的颗粒，称得的重量就是霉粒的百分含量	超过 5% 则不能使用

2.豆粕　豆粕质量鉴别方法见表4-5。

表4-5　豆粕质量鉴别方法

测定内容	测定方法	质量判断
外　观	颜色，气味，颗粒大小	正常豆粕为浅黄色或淡褐色，色泽一致，有豆香味。如颜色灰暗，颗粒不均，或有霉味，不是好豆粕
杂　质	观察色泽、气味、粉尘大小及包装重量	颜色浅淡，色泽不匀，结块多，可见白色粉末状东西，豆香味淡或没有，包装体积小，重量大，说明可能掺入了沸石粉、玉米
	将25克豆粕（饼）放入250毫升水中浸泡，2～3小时后轻摇	如有泥沙，则会沉到瓶底

3.鱼粉等蛋白质饲料鉴别方法　见表4-6。

表4-6　鱼粉等蛋白质饲料鉴别方法

饲料名称	测定内容	测定方法	质量判断
棉籽粕	杂　质	棉籽壳含量	棉毛多，表明棉籽壳多；用水浸泡沉淀的方法，可以鉴别棉籽壳的多少和是否
		水浸泡法	如掺有沙子，则沉淀在瓶底
菜籽粕	沙　土	水浸泡法	可能被掺入石粉和黄土。用水浸泡沉淀法鉴别，沙土在1%以下为合格
鱼　粉	外　观	颜色、颗粒、气味、手感	棕黄色，颜色一致，颗粒大小均匀，手捏有疏松感，不结块，咸腥味，无异味
	杂　质	肉眼观察或嗅觉	如有棕色微粒，表明掺有棉籽粕；如有白、灰和浅黄色线条状东西，表明掺有皮革粉；如掺入饼（粕）类，可闻到饼（粕）味
		样品加入5倍水，搅拌后静放几分钟	如掺有麸皮、稻壳或花生壳等，会漂到上面，泥沙则沉到下面

4.磷酸氢钙和贝壳粉鉴别方法　见表4–7。

表4–7　磷酸氢钙和贝壳粉鉴别方法

饲料名称	测定内容	测定方法	质量判断
磷酸氢钙	外　观	颜色，气味	正常为白色或灰白色粉末。掺有骨粉会有骨粉味，颜色发灰；掺入磷肥或磷矿石会呈现黄棕色。还可能掺入石粉或滑石粉等
贝壳粉	外　观	颗粒大小	优质贝壳粉应含70%以上高粱粒大小的贝壳颗粒，30%以下为粉末状。伪劣的贝壳粉呈粉末状或碎片

四、蛋鸡饲料的配制

（一）直接购买全价料或浓缩预混料

1.配合饲料　小型养殖户可以直接从正规饲料厂购买全价料（图4–1）。粉状全价料最适合喂蛋鸡。如喂颗粒料，一是因为价格高，二是容易使鸡长得太肥。2 周龄以内的雏鸡可以喂经过破碎后的颗粒料。

图4–1　全价配合饲料

2.浓缩料和预混料　也可从市场上购买正规品牌的浓缩料（图4–2）或不同比例的预混料（图4–3），然后按说明书添加玉米、麦麸、豆粕等能量和蛋白质饲料。

图 4–2　鸡浓缩料

图 4–3　鸡预混料

3.选用不同饲料的优缺点　见表 4–8。

表 4–8　选用不同饲料的优缺点

饲料名称	添加比例	优　点	缺　点
全价料	100%	方便，混合均匀	价格稍高
浓缩料	10%～40%	较方便，成本稍低	需自备部分原料
预混料	0.5%～1%	省　钱	需自备多种原料。容易混合不均

4.如何选购饲料

第一，要选择正规饲料厂生产的饲料产品。

第二，对产品进行感官检查。观察色、香、味、颗粒大小等是否正常，重点观察有无发霉、潮湿、结块、异味及掺假等现象。

第三，购买维生素添加剂时，要特别注意保质期。应现买现用，贮存处干燥遮阳，且温度不宜过高，保存期不宜过长。

（二）专业户配制饲料的步骤

见表 4–9。

表 4–9　养殖户配制饲料的步骤

工作步骤	说　明
查阅和确定营养标准	采用各品种饲养手册推荐的标准，或选择农业部2004年颁布的《鸡的饲养标准》。可根据情况适当调整
查阅经验配方	根据品种和阶段及当地可采购的原料，查找一个近似配方，并初步确定原料的比例
计算和调整营养成分含量	从饲料营养成分表中查出拟定原料的各成分值，并与相对应的比例相乘，各原料的乘积相加即为总成分值。将得到的各成分值与营养标准值比较，接近即可。如果相差较大，就适当调整原料的比例。主要考虑代谢能、粗蛋白质、钙、磷、蛋氨酸、总含硫氨基酸和赖氨酸的含量
计算饲料价格	将各种原料的单价乘以各自的百分比，然后累加就得到配合饲料的总成本价
选购饲料原料	要求原料品质好，含水量不超标
饲料配制	严格按照配方中各原料的比例进行称量，然后充分搅拌，混合均匀

配方中蛋氨酸和赖氨酸不足部分由单项氨基酸添加剂补充。维生素和微量元素建议购买复合专用添加剂。自行配制预混料，需要准备的原料种类多，用量少，不易混合均匀，容易造成营养不良。蛋鸡饲料中一般不持续使用非营养性添加剂，以节省成本。根据需要，可阶段性使用恩诺沙星饮水防止腹泻，排血便时可用抗球虫药拌料，用量按说明书。

（三）原料的正确混合

原料搭配好后，混合均匀是关键。氨基酸等微量成分先与部分玉米粉预混，再投入大宗原料中混合。如果养鸡数量较多，可以购买一台粉碎机，一台小型混合机。粉碎机主要用于粉碎玉米、豆粕等。混合时先投入一半玉米和豆粕等大宗原料，再将维生素、微量元素、氨基酸等小料投入进料口，最后再投入另一半大宗原料，混合5～8分钟。

如果手工拌料，先将小宗原料预混均匀，再与大宗原料混合。

（四）饲料配方举例

共列举3种类型的配方供参考使用，即棉籽粕、菜籽粕型，花生粕-米糠粕型，玉米蛋白粉-玉米胚芽粕-苜蓿草粉型。

1.育雏、育成期饲料配方　见表4–10。

表4–10　育雏、育成期饲料配方

配方编号		育雏期			育成期		
		配方1	配方2	配方3	配方1	配方2	配方3
饲料配合比例(%)	玉米	65.1	63.5	62.5	67.9	64.7	64.2
	小麦麸	–	–	3.7	9.3	10.4	12.7
	大豆粕	26.0	28.0	24.3	9.8	11.9	12.0

续表 4–10

配方编号		育雏期			育成期		
		配方 1	配方 2	配方 3	配方 1	配方 2	配方 3
饲料配合比例(%)	棉籽粕	5.0	–	–	5.0	–	–
	菜籽粕	–	–	–	5.0	–	–
	米糠粕	–	3.5	–	–	5.0	–
	花生仁粕	–	1.6	–	–	5.0	–
	玉米蛋白粉	–	–	3.0	–	–	3.0
	玉米胚芽粕	–	–	3.0	–	–	5.0
	苜蓿草粉	–	–	–	–	–	–
	磷酸氢钙	1.56	1.60	1.60	1.17	1.20	1.30
	石粉	1.57	1.20	1.20	1.19	1.20	1.20
	蛋氨酸	0.09	0.10	0.05	0.01	0.03	–
	赖氨酸	0.06	0.05	0.15	0.04	0.04	0.06
	多维预混料	0.03	0.03	0.03	0.03	0.03	0.03
	微量元素预混料	0.2	0.2	0.2	0.2	0.2	0.2
	食盐	0.3	0.3	0.3	0.3	0.3	0.3
	合计	100	100	100	100	100	100
营养成分(%)	代谢能(兆焦/千克)	11.92	11.92	11.92	11.72	11.72	11.72
	粗蛋白质	19.0	19.0	19.0	15.5	15.5	15.5
	钙	1.04	0.91	0.89	0.80	0.79	0.80
	总磷	0.65	0.68	0.65	0.63	0.66	0.62
	有效磷	0.40	0.40	0.40	0.35	0.35	0.35
	蛋氨酸	0.40	0.41	0.38	0.27	0.27	0.28
	总含硫氨基酸	0.74	0.74	0.74	0.57	0.55	0.60
	赖氨酸	1.00	1.00	1.00	0.68	0.68	0.68

2.产蛋期饲料配方　见表 4–11。

表 4–11 产蛋期饲料配方 （%）

配方编号		预产期			高峰期			高峰后期		
		配方 1	配方 2	配方 3	配方 1	配方 2	配方 3	配方 1	配方 2	配方 3
饲料配合比例（%）	玉 米	65.1	61.6	62.2	64.8	62.1	62.8	64.0	60.4	61.5
	小麦麸	2.7	4.9	0.7	–	–	–	3.4	2.0	–
	大豆粕	16.2	12.4	15.1	19.2	15.0	15.8	14.5	11.4	11.9
	棉籽粕	5.0	–	–	4.0	–	–	4.0	–	–
	菜籽粕	5.0	–	–	2.4	–	–	4.0	–	–
	米糠粕	–	5.0	–	–	5.2	–	–	8.0	–
	花生仁粕	–	10.0	–	–	8.0	–	–	8.0	–
	玉米蛋白粉	–	–	5.0	–	–	5.0	–	–	5.0
	玉米胚芽粕	–	–	5.9	–	–	1.8	–	–	6.4
	苜蓿草粉	–	–	5.0	–	–	5.0	–	–	5.0
	磷酸氢钙	1.00	1.00	1.20	1.30	1.30	1.38	1.10	1.10	1.30
	石 粉	4.40	4.50	4.20	7.70	7.70	7.60	8.40	8.40	8.20
	蛋氨酸	0.06	0.11	0.02	0.07	0.12	0.04	0.06	0.08	0.02
	赖氨酸	–	–	–		0.05	0.09		0.07	0.11
	多维预混料	0.03	0.03	0.03	0.03	0.03	0.03	0.03	0.03	0.03
	微量元素预混料	0.2	0.2	0.2	0.2	0.2	0.2	0.2	0.2	0.2
	食 盐	0.3	0.3	0.3	0.3	0.3	0.3	0.3	0.3	0.3
	合 计	100	100	100	100	100	100	100	100	100
营养成分（%）	代谢能(兆焦 / 千克)	11.51	11.51	11.51	11.30	11.30	11.30	11.09	11.09	11.09
	粗蛋白质	17.0	17.0	17.0	16.5	16.5	16.5	15.5	15.5	15.5
	钙	1.99	2.01	2.00	3.30	3.29	3.31	3.52	3.51	3.51
	总 磷	0.56	0.60	0.52	0.57	0.61	0.54	0.56	0.62	0.52
	有效磷	0.31	0.32	0.32	0.35	0.35	0.35	0.32	0.32	0.33
	蛋氨酸	0.64	0.59	0.64	0.35	0.46	0.34	0.32	0.32	0.32
	总含硫氨基酸	0.97	0.87	0.99	0.65	0.73	0.65	0.62	0.58	0.65
	赖氨酸	0.77	0.70	0.70	0.78	0.75	0.75	0.70	0.70	0.70

（五）粉碎机和混合机的选择

1.选择合适的粉碎机　首先，要求粉碎机通用性好，在粉碎不同原料时，粉碎质量不降低；其次，要求使用维修方便，粉碎粒度均匀，粉尘少，噪声低，进出料方便。一般选择锤片式粉碎机（图4–4），造价低，占地少。

图4–4　锤片式粉碎机

2.选择合适的混合机　要求混合机结构简单坚固，方便操作和取样清理，残留少。常用的有立式和卧式混合机，立式混合机造价低，占地少，适合小型饲料厂使用（图4–5）。

图4–5　小型饲料加工机组

第五章　育雏关键技术

蛋鸡一般分为育雏期(0～6周龄)、育成期7～20周龄和产蛋期3个阶段。在不同鸡舍中饲养。

一、育雏舍的要求

育雏舍要求能够密闭保温和通风换气（图5–1）。育雏舍照明设备要齐全、安全、不漏电。所有门窗、墙壁、顶棚要无破损，不漏风，不漏雨。墙角、地面没有老鼠洞。

育雏舍有开放式和密闭式两种类型，开放式育雏舍的门窗较大，可以采用自然光照；密闭式鸡舍采用人工光照，有保温和通风设备。选用哪种育雏舍应根据当地的条件而定。总体要求方便饲养人员操作和消毒防疫。

图5–1　育雏舍外景

二、适合专业户的育雏方式

（一）地面垫料育雏

将雏鸡饲养在铺有垫料的地面（图5–2）。地面可以是水泥、砖块、泥土或炕面。地面铺上约10厘米厚的稻草、麦秸、锯末或刨花，舍内设有饮水器、料槽及供暖设备。

地面垫料育雏成本低，但饲养密度小，劳动强度大。雏鸡与地面接触，易感染消化道疾病。

图 5–2　地面平养育雏

（二）网上平养育雏

网上平养育雏是将雏鸡饲养在离地面50～60厘米高的铁丝网或塑料网上（图5–3，图5–4）。网的结构分为网片和框架两部分，网片采用直径为2毫米的冷拔丝焊成，并进行镀锌防腐处理。网片规格与框架相配，框架是支撑网片的承重结构。网上平养管理方便，操作简单，能有效提高育雏成绩，是广大养鸡户的可取方式。

图 5–3　网床结构

图 5–4　网上平养育雏

网上平养育雏可用热风炉、煤炉等提高舍温；育雏伞、红外线灯提供育雏器温度（局部高温）。根据具体情况也可两种方式结合使用。

（三）笼养育雏

一般为4层叠式笼（图5–5）笼底多用铁丝网、涂塑铁丝网或竹条，鸡粪可由空隙掉到下面的承粪板上，定期清除。多采用暖气、热风炉或笼内设计电热板加温。雏鸡先放中间两层，随着鸡龄增加向上下两层疏散。

图5–5 笼养育雏

三、适合专业户的育雏加温方式

（一）火炕加温

利用火炕加温育雏（图5–6），适合北方寒冷地区使用。火炕上不同部位温度有高有低，雏鸡可以根据需要自由选择，有利于提高育雏效果。

图5–6 火炕加温育雏

（二）烟道加温

烟道分地上烟道和地下烟道。烟道式育雏，育雏舍利用面积大，散热均匀，地面和垫料暖和、干燥、舒适，节省燃料，而且舍内没有煤烟味（图5–7）。育雏舍内是烟道，舍外的一头是炉灶，用煤或柴火为燃料，另一头是烟囱。出烟口要按顺风设计，烟道向烟囱方向向上倾斜，烟囱至少比房顶高出1米。地上烟道不方便操作和消毒，一般用于水位较高的地方。地下烟道操作方便，保温时间长。

图5–7　烟道加温育雏

（三）煤炉加温

这是专业户常用的一种方法。方法是在育雏舍内安装铁火炉或用砖垒砌火炉，装上烟筒通向舍外排烟（图5–8）。优点是简单易行，但添煤出灰较繁琐，散热不够均匀，温度不易控制，需防止煤气中毒。

图5–8　煤炉加温育雏

经常停电地区适合用煤炉保温伞加温，即用白铁皮或五夹板做成伞形，罩在煤炉上方，通过煤炉下方的进气管口大小调节火的大小，从而控制温度（图5–9）。注意要保证各部位不漏气，并且将排气管引到舍外。

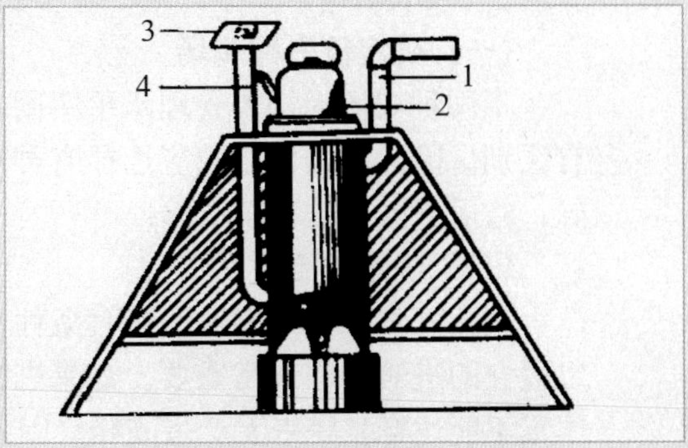

图5–9　煤炉保温伞加温

1.出气烟管　2.水壶　3.玻璃板　4.进气管

（四）电热加温

电热加温方法包括保温伞和红外线加热等方法。地面或网上平养可以采用电热保温伞加温，随着雏鸡长大，及时调节保温伞的高度（图5–10）。红外线加热既可用于平养，也可用于笼养。电热加温有利于舍内清洁和垫料干燥，但耗电量大，灯泡损坏多，成本高。经常停电地区不宜采用。

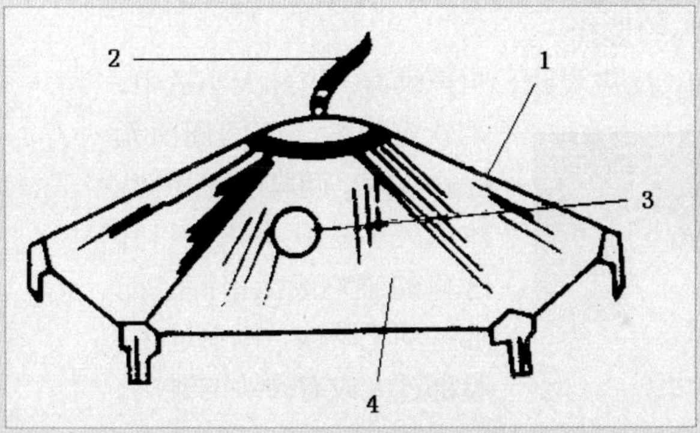

图5–10　电热保温伞示意图

1.保温伞 2.电源线 3.调节器 4.电热丝

四、雏鸡选购要领

（一）确定被引种鸡场

不同种鸡场因饲养管理水平不同，孵化的雏鸡质量也有区别。因此，预订雏鸡应选择有种鸡生产许可证、信誉好、售后服务好的种鸡场。

（二）确定进雏时间

利用开放式鸡舍育雏，鸡舍条件受外界影响较大，确定适宜的进雏时间非常重要。如果进雏时间不合适，鸡群体重不能达标，将来无产蛋高峰。因此，尽量选择在2～3月份育雏，此时气候干燥，有利于雏鸡生长发育。经过5个月左右的饲养，8～9月份开产，10～11 月份进入产蛋高峰期，环境温度适宜，鸡蛋价格也好。

（三）预订雏鸡与签订协议。

预订雏鸡的数量应超出预计成鸡数的5%。订鸡时应签订购销合同，内容包括供鸡品种、时间、数量，接种马立克氏疫苗，运费，雏鸡鉴别准确率，1周内雏鸡成活率，违约后的处理办法等。

（四）健康雏鸡的选择

雏鸡活泼好动，反应灵敏，叫声洪亮。腹部大小适中，柔软有弹性，肛门周围无污物黏附。两脚站立稳健，体重大小适中（图 5-11）。这样的雏鸡成活率高。而那些羽毛暗淡，体重过小，腹部过大或有硬块的雏鸡，

图 5-11　健康雏鸡

一般成活率较低。

五、饲养管理

（一）进雏前的准备

进雏前1周，育雏舍、育雏器须清洗干净并彻底消毒。在清除鸡舍粪便污物的基础上，先把墙壁和地面冲洗干净，然后用2%～3%的火碱溶液喷洒消毒，用消毒液对金属用具、料槽、水槽等进行洗刷消毒，最后用甲醛对鸡舍密闭熏蒸2天（用药比例为每立方米空间高锰酸钾20克，福尔马林40毫升），然后通风、进鸡。

鸡舍在雏鸡到达前开始给温，使舍温达到27℃～29℃，保温伞调至33℃～35℃，保持恒温。雏鸡入舍后，先连同雏鸡盒摆在雏鸡舍预温（图5-12），然后分放。

图5-12　雏鸡进鸡舍前先预温

饮水器放置在保温源旁边，在饮水中添加 5% 葡萄糖或适量电解多维。应在雏鸡入舍前半天将饮水器内加好水，使雏鸡入舍后可饮到与舍温相同的温水，也可将水烧开后凉至舍温，以免雏鸡直接饮用凉水导致腹泻。

根据养鸡数量准备好常用疫苗，如传染性法氏囊炎疫苗、鸡新城疫疫苗、传染性支气管炎疫苗和鸡痘疫苗等。6周龄前每只雏鸡耗料约1.029千克，进鸡前应准备充足。同时准备常用抗细菌药物和消毒药，如过氧乙酸、碘伏、烧碱、新洁尔灭、百毒杀等。

（二）饲养密度

蛋雏鸡地面平养或网上平养，0～6周龄的饲养密度为每平方米20～35只（图5–13a，图5–13b）；如果立体笼养，1周内、1～3周龄和3～6周龄饲养密度分别为60只／平方米、40只／平方米和34只／平方米（图5–13c）。

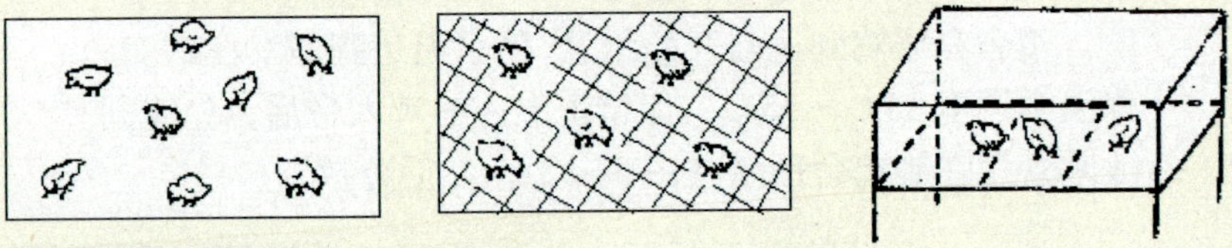

a　　b　　c

图5–13　蛋雏鸡的饲养密度

a.地面平养　20～35只／平方米　b.网上平养　24～50只／平方米

c.笼养　34～60只／平方米

（三）适宜育雏温度的控制

育雏温度非常重要。育雏期间温度必须适宜和平稳均匀，并随雏鸡的增长逐渐降低温度。育雏开始时雏鸡舍温度要求22℃～24℃，4周龄时逐渐降到18℃～20℃，以后不低于18℃。育雏器适宜温度，第一周为33℃～34℃，而后逐渐降低（图5–14，表5–1）。

图5–14　干湿温度计

表 5-1　育雏器的适宜温度

周　龄	温　度（℃）	周　龄	温　度（℃）
1	34～33	4	26～24
2	32～31	5	23～21
3	30～27	6	20～19

通过观察鸡群的表现来调节温度（图5-15）。如果温度适宜则雏鸡活泼，食欲良好，饮水适度，羽毛光滑整齐，均匀地分布在热源的周围（图 5-15a）；若温度过高则雏鸡远离热源，张嘴呼吸，呼吸频率增加，翅膀张开，喝水次数增多（图 5-15b）；若温度过低则雏鸡靠拢在热源的附近，或挤成一团，羽毛竖起(图 5-15c)；有贼风时，在避开贼风处挤成一团（图 5-15d)。

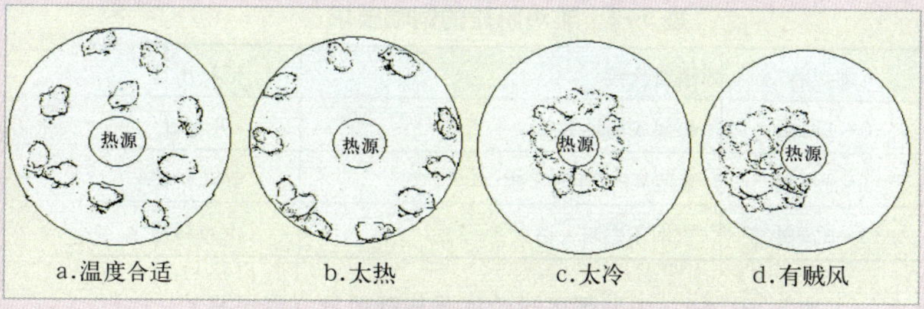

图 5-15　通过观察鸡群的表现来调节温度

（四）雏鸡的开食与饲喂

育雏期使用优质全价饲料，不要使用过期、霉败、变质、生虫或被污染的饲料。0～2 周龄采用开食盘喂料。开食盘一般多为圆形或方形，食盘上加盖塑料网格，以防鸡将饲料刨出盘外。每只盘供 50～100 只雏鸡使用。

雏鸡饮水后2～3个小时就可以喂料了，雏鸡第一次喂料叫开食，开食时间在孵出后20小时为宜。将饲料均匀地撒在开食盘上面，并增加光照度，诱导雏鸡前来啄食（图5–16）。雏鸡喂料要少喂勤添，随日龄增加，可逐渐减少饲喂次数（表5–2）。2周龄以后逐渐改为雏鸡料槽和中鸡料槽。料槽的高度应保持与鸡背高度齐。雏鸡营养要全面，自由采食，并且要经常称重，以保证达到本品种各生长阶段的生长指标。轻型和中型蛋用雏鸡体重与耗料量见表5–3。

图5–16　诱导雏鸡尽早开食

表5–2　雏鸡阶段的饲喂要求

周　龄	喂料次数	喂料用具
0～1周龄	每隔3小时1次	开食盘
1～3周龄	每隔4～5小时1次	雏鸡料槽
3～6周龄	夜间不喂料，白天3～5次	中鸡料槽

表5–3　轻、中型蛋用雏鸡体重与耗料量（克／只）

周　龄	周末体重	耗料量	累计耗料量
1	70	84	84
2	130	119	203
3	200	154	357
4	275	189	546
5	360	224	770
6	445	259	1029

（五）饮　水

雏鸡进入育雏舍后应先饮水，饮水后3 小时再喂饲料（图 5−17）。最初几天的饮水最好是温开水，并在饮水中加入 3%～5% 的葡萄糖或电解多种维生素，对长途运输的雏鸡来说，更为重要。1周后饮用自然清洁的水。

图 5−17　雏鸡采食和饮水的场景

饮用水应无污染，要求达到人饮用水标准。直接使用自来水或无污染的深井水。

饮水器的数量要足够（表 5−4），且要均匀分布。一般情况下，雏鸡的饮水量是其采食量的 1～2 倍（表 5−5）。

为了保持雏鸡舍干燥，如果是垫料平养，可在饮水器下放置两块砖，能保持饮水器下的垫料干燥。饮水器的大小根据雏鸡周龄更换。2 周前用小型饮水器，以后可更换成中型饮水器。饮水器每天清洗 1 次，并进行消毒。

表 5−4　雏鸡的采食、饮水位置要求

雏鸡周龄	采食位置		饮水位置		
	料槽（厘米 / 只）	料桶（只 / 个）	水槽（厘米 / 只）	饮水器（只 / 个）	乳头饮水器（只 / 个）
0～2	3.5～5	45	1.2～1.5	60	10
3～4	5～6	40	1.5～1.7	50	10
5～6	6.5～7.5	30	1.8～2.2	45	8

注：料槽食盘直径为 40 厘米，饮水器水盘直径为 35 厘米

表 5-5　雏鸡的饮水量参考标准　（毫升／只·日）

周　龄	饮水量	周　龄	饮水量
1	12～25	5	55～70
2	25～40	6	65～80
3	40～50	7	75～90
4	45～60	8	85～100

（六）湿度的控制

适宜的湿度范围是50%～65%。育雏前10天应保持相对湿度60%～65%，以后是50%～55%。对1周以内的雏鸡来说，若湿度过低，雏鸡口渴大量饮水，易造成腹泻；若湿度过高，鸡舍潮湿，有害气体增加，雏鸡易过早暴发球虫病等疾病。因此，在育雏的前10天里应保持相对湿度60%～65%，可以通过对环境的喷雾消毒提高湿度；10天以后湿度一般不会过低，但是要防止湿度过高，保持在50%～55%即可。可以通过调节通风量来调节湿度。湿度的监控可以通过鸡舍内的干湿温度计来显示（图5-18）。

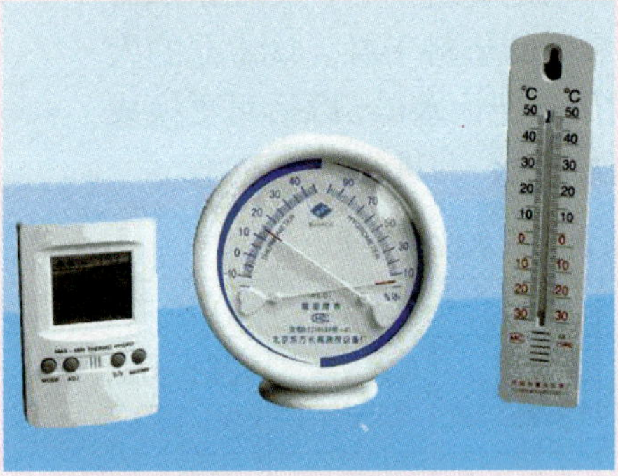

图 5-18　干湿温度计

（七）通风换气

育雏舍通风换气的目的是排出鸡舍内的污浊空气，同时向鸡舍内提供新鲜空气。育雏后期可利用开窗，安装排风扇进行换气，千万不要让冷风直吹雏鸡，以免受凉。鸡舍内空气的质量以人进入鸡舍无明显不良反应为宜。

（八）光　照

蛋鸡饲养过程中光照一直很重要。育雏期和育成期光照原则是：光照时间只能减少，不能增加，以避免性成熟过早，影响以后的产蛋能力；人工补充光照不能时长时短。

育雏期间1～2日龄23～24小时光照，3～4日龄20小时，5～7日龄18小时（图5－19）。以后每周减少2小时，直到36日龄后稳定在8小时。

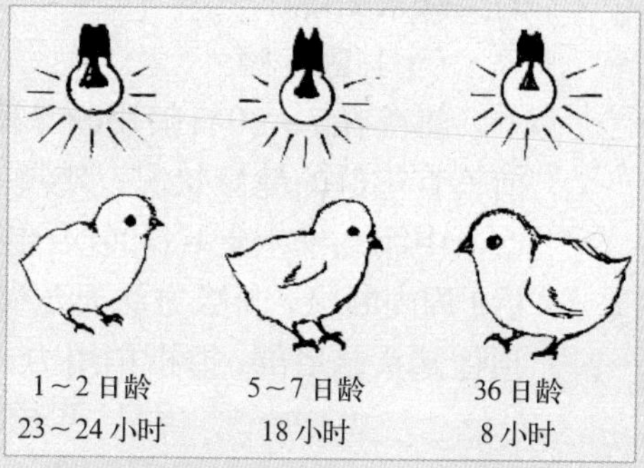

图5－19　雏鸡适宜的光照时间

利用开放式鸡舍育雏，如果在日照时间逐渐缩短的秋季育雏育成，应该在3日龄后10天内将光照时间逐步减少至133日龄时的预期日照长度，并维持到133日龄，从134日龄起每周增加光照半小时，直到每天光照16小时为止。

如果在日照时间逐渐延长的春季育雏育成，最初的1～3天可用人工光照补充至23～24小时，此后25天内逐步减少，直到自然日照长度，直至19周，从20周起逐渐增加人工光照，直至产蛋高峰期每天光照16小时为止。

灯泡之间的间距一般为灯泡离地面高度的1～1.5倍，灯泡交错分布。灯泡要经常擦拭干净，坏灯泡及时更换。1～7日龄光照强度为4～5瓦／平方米。2～20周龄为2瓦／平方米，以后为3~4瓦/平方米。

鸡舍在人工补充光照时，应注意开、关灯要准时，补充光照应早晚同时进行，不宜在早晨或晚上一次性进行。

（九）定期消毒

育雏期每周带鸡消毒2~3次，常用的消毒液有百毒杀、过氧乙酸、新洁尔灭、菌毒敌、抗毒威等。喷雾的高度以超出鸡背20~30厘米为宜。鸡舍门口有消毒垫，用1%~2%的火碱水喷湿。

（十）断　喙

雏鸡在7~10日龄用断喙器进行断喙（图5−20）。断喙前检查鸡群的健康状况，鸡群有病时不能断喙。断喙前在饮水中添加维生素K_3和复合电解多种维生素；不要在免疫后1周内断喙。断喙方法要正确：将雏鸡抓在手中，以拇指顶住其头脑后部，拇指稍用力，固定鸡的头部。选择适当的孔径，在离鼻孔2毫米处切掉部分喙。上喙切1/3，下喙切1/2（图5−21）。断喙后确保雏鸡能够自由饮水，料槽或料桶中饲料要足够厚，以免鸡喙啄到料槽底部。

图5−20　断喙器

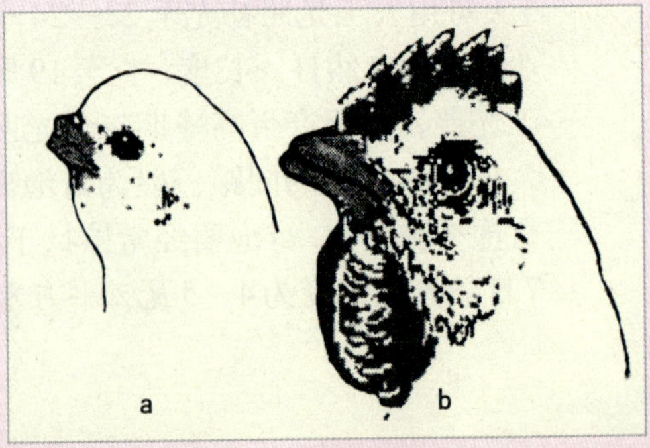

图5−21　断　喙

a.雏鸡断喙后的喙状

b.成鸡的喙状

第六章　育成期饲养关键技术

一、明确育成鸡的培育目标

7～20周龄的鸡称为育成鸡。育成期饲养管理技术关键是保证其具有良好的产蛋体况，控制其适时开产。这个阶段要求鸡健康无病，体重符合该品种标准，体格发育良好，无多余脂肪，骨骼坚实，鸡大小均匀、整齐（图6–1）。体重符合标准，说明管理好，将来产蛋量高。体重过大，将来产蛋量少，死亡率高；体重太轻，将来鸡的产蛋持久性差（图6–2）。

图6–1　大小均匀，整齐度高

图6–2　大小不均匀，整齐度低

二、育成鸡的饲养方式

蛋鸡的育成可采取地面平养、网上平养或笼养。专业户养鸡多采用育雏育成一体化平养，即在同一鸡舍，先用塑料布隔出一小部分育雏，以利于保温，然后逐步分散到整个鸡舍。这种方式单位面积饲养鸡数不如笼养多，但不用投资购买鸡笼。

三、育成鸡的饲养管理

（一）雏鸡转群

一般在6～7周龄时将雏鸡从育雏舍转移到育成舍。转群前要对育成舍周围环境、用具、育成舍内进行消毒。一般在天黑后开始转群。装鸡筐里一次不能装鸡太多，而且应尽快上笼，以免压死、挤死（图6–3,图6–4）。转群前后 2天，在饮水中添加电解多种维生素。转群初期注意观察鸡群的反应，包括鸡群吃料和饮水情况，要让所有的鸡都能喝上水、吃上料。

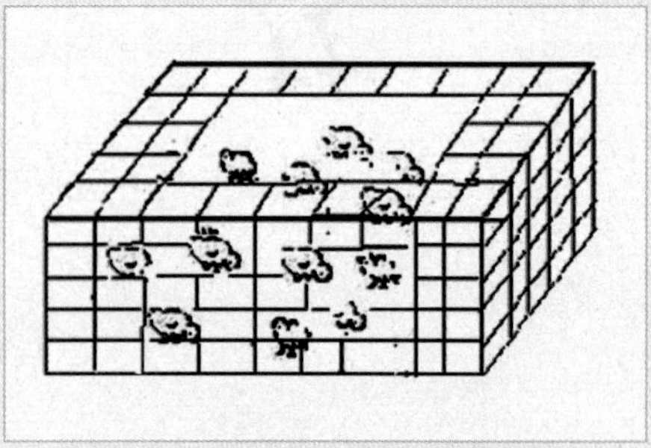

图 6–3　转鸡筐里装鸡数量合适

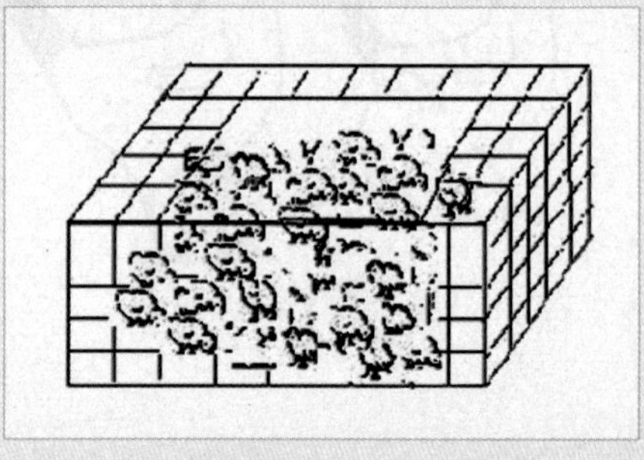

图 6–4　转鸡筐里装鸡数量太多

（二）日粮更换

在6周龄末，要对鸡群称重，如果符合标准，7周龄后开始更换饲料；如果达不到标准，可继续饲喂育雏料，直到达标为止。过重和过轻的鸡应挑出来单独饲养，喂不同的料直到达标为止。

更换饲料要逐渐过渡。先用1/3育成料替换育雏料，后换成1/2，再换成2/3，1周后全部换为育成料（图6–5）。

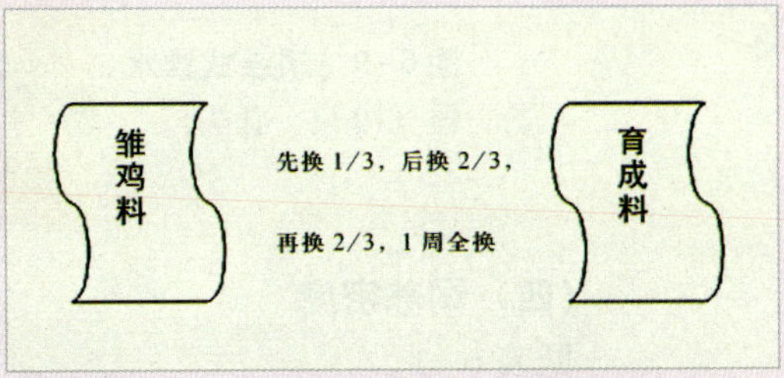

图6–5　雏鸡料换成育成料

（三）饲喂设备位置大小

如果平养，育成期料槽位置每只鸡为5厘米（图6–6），或圆形食盘位置4厘米以上(图6–7)。饮水器每只2厘米以上（图6–8）。如为乳头式饮水器，每10只鸡应拥有1个乳头（图6–9）。

图6–6　料槽（5厘米／只）

图6–7　圆盘料桶（4厘米／只）

图 6–8　吊塔式饮水器（2 厘米 / 只）

图 6–9　乳头式饮水器（10 只 / 乳头）

（四）饲养密度

见表 6–1。

表 6–1　不同育成方式饲养密度

饲养方式	周　龄	每平方米饲养只数
网上平养	7～12 周龄	15 只
	13～18 周龄	10 只
笼　养		15～16 只

（五）通风换气

开放式鸡舍，容易保持清新的空气。密闭式鸡舍必须安装排风机（图 6–10）。特别在夜间熄灯后，要开机通风。通风要适当，既要维持适宜的鸡舍温

图 6–10　纵向通风

度，又要保证鸡舍内有较新鲜的空气。夏季鸡舍温度升至30℃时，要加大通风量。

（六）预防啄癖

防止啄癖也是育成鸡管理的一个重点。防治的方法不能单纯依靠断喙，应当配合改善舍内环境，饲养密度不能过大，饲料营养全面且平衡。光照不要太强，以白炽灯2瓦/米^{2}为宜。在体重、采食量正常的情况下，如槽中无料，也可考虑适当缩短光照时间等防止啄癖。一旦发现有啄癖的鸡，应及时挑出，单独饲养，免得啄癖现象影响全群。

已经断喙的鸡，在16～18周龄转群前，应拣出早期断喙不当或断喙遗漏的鸡，进行补切。

（七）减少饲料浪费

如为平养，要随时调整料槽（桶）的高度，料槽、料桶高度与鸡背平齐。料槽的加料量应不多于1/3，料桶应不超过1/2（图6-11）。饲料不宜过细或过粗。断喙能有效地防止饲料浪费。

图6-11　料桶高度与鸡背齐平，加料量要适中

四、体重和均匀度的控制

（一）体重控制

为了使育成鸡达到标准开产体重，应定期抽样称重（图6-12）。称重的时间和抽样数量等见表6-2。

图 6–12　育成鸡定期称重

表 6–2　称重时间和抽样数量

蛋鸡类型	称重时间	称重鸡数	要　求
轻型蛋鸡	6 周龄开始，每 2 周称 1 次	1%～5%（至少 50 只）	笼养鸡抽样，应从鸡舍不同方位、不同笼层等数量抽样 在每周的相同时间、并且在喂料前空腹称重
中型蛋鸡	4 周龄开始，每 2 周龄称 1 次	1%～5%（至少 50 只）	同上

称重后计算平均体重，并与该品种的标准体重比较，看是否符合标准。把每次的平均体重画在一张图上，便可以绘制出该批鸡的生长曲线，同时与标准曲线比较，二者越吻合，说明鸡体重控制得越好（图 6–13）。

图 6–13　育成鸡的生长曲线

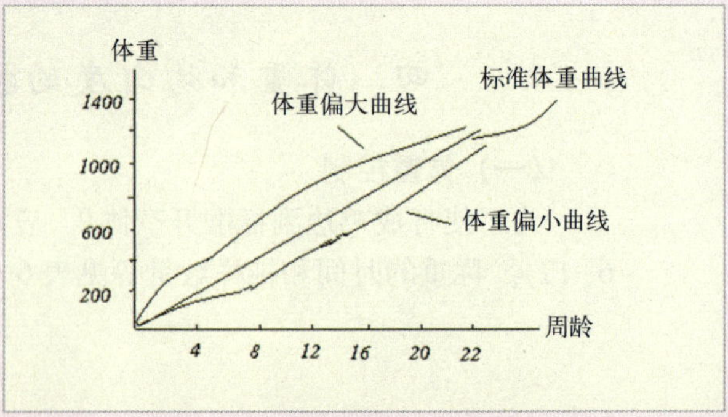

（二）提高育成鸡的均匀度

鸡群的均匀度是指群体中体重落入平均体重 ± 10%范围内鸡只所占的百分比。一般认为，70% ~ 76% 为合格，77% ~ 83% 为较好，84% ~ 90% 为很好。均匀度对产蛋性能有直接的影响，一个良好的育成鸡群不仅体重符合标准，且均匀度高。

提高均匀度的方法：①小群饲养，每群饲养500 ~ 1000只；②挑出过大小过小的鸡，分开饲养（图6–14）；③体重小的鸡增加喂料量和喂料次数；④体重大的鸡限制喂料量。⑤经常匀料（图6–15），避免鸡只之间采食量不均，导致体重不均匀。

图 6–14　分群饲养

a.体重过小，增加喂料量

b.体重过大，限制喂料量

图 6–15　匀 料

五、控制性成熟

（一）性成熟过早或过晚的后果

见表6–3。

表6–3　性成熟过早或过晚的后果

性成熟过早	早产蛋，产小蛋，持续高产时间短，总产蛋量减少
性成熟过晚	开产时间晚，总产蛋量减少

（二）控制性成熟的措施

1.控制光照　育成期尽量避免长光照。育雏期末转群第一天应整夜照明，光照强度为3瓦／米²。密闭式鸡舍18周前光照保持每天8～12小时的恒定光照（图6–16）。开放式或半开放式鸡舍采用自然光照。如果春季开始育雏，日照时间逐渐延长，会使性成熟提前。秋季开始育雏，自然光照时间逐日缩短，较符合育成鸡的生理要求。

图6–16　严格控制光照有利于控制性成熟（鸡冠发育快慢是标志）

2.限制饲喂　限制饲喂是为了控制体重，从而控制性早熟（表6–4）。如果体重超标，每天每只鸡的饲料量控制在标准量的90%～92%。限饲可从9周龄开始，不能减少喂料，而是减缓饲料量增加的幅度。限制饲养时要喂料均匀，并经常匀料，防止有些鸡吃得过多，有些鸡采食不足，这样才能保证鸡群生长发育整齐。

6–4　育成期蛋鸡体重与耗料量参考标准

周　龄	周末体重（克／只）	耗料量（克／只）	累计耗料量（克／只）
7	530	294	1323
8	615	329	1652
9	700	357	2009
10	785	385	2394
11	875	413	2807
12	965	441	3248
13	1055	469	3717
14	1145	497	4214
15	1235	525	4739
16	1325	546	5258
17	1415	567	5852
18	1505	588	6440
19	1595	609	7049
20	1670	630	7679

注：9 周龄开始结合光照进行限饲

第七章　产蛋鸡饲养关键技术

一、笼养产蛋鸡的饲养管理

除生态散养蛋鸡外，一般高产蛋鸡产蛋期都采用笼养方式。优点是笼养与平养相比，鸡的活动量小，浪费的饲料少，饲料报酬较高，经济效益较好（图 7–1）。

图 7–1　笼　养

（一）从育成鸡到产蛋鸡的转群

1. 转群前的工作　转群前1周对产蛋鸡舍清扫消毒。待饲养设备安装、维修等工作完成后，方可进鸡。转群前2～3天，打开门窗和风机通风，驱除鸡舍内福尔马林气味。转群前2天开始，在饲料或饮水中添加抗生素和电解多种维生素，持续3～5天。

2. 转群时间　转群时间一般在16～18周龄进行。而对于商品代鸡要达到标准时方可转群，如迪卡蛋鸡体重达到1 450克之前2周进行转群，也就是说转群时间不是以周龄而是以体重决定的。也要防止转群过晚，最好在开产前2周转群，以免影响正常开产。为减少转群应激，转群一般在天黑时进行。炎热季转群，最好在夜间进行，注意开窗或打开风机通风（图7–2，图7–3）。

图7–2 转群前后注意打开门窗通风

图7–3 转群前后注意打开风机通风

3.转群操作 转群是一项比较繁重的工作，要求人员合理分工，集中人力、物力把转群工作做好。

（1）抓鸡 若平养选用隔网围栏将鸡圈起来。为尽量减少惊群，防止压伤，每次围圈鸡数不要太多。抓鸡动作要迅速，要抓双腿，不能抓翅膀（图7–4）。若围栏卡住鸡

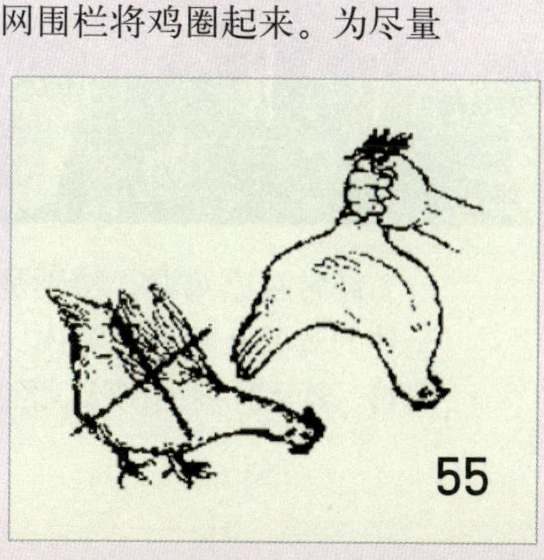

图7–4 转群抓鸡应抓双腿

的腿部、头部或翅膀，要轻轻取出，禁止用力拉或用脚踢开，尽量减少人为的伤残。

(2) 鸡只质量检查　要严把质量关，每只鸡都要严格检查，选择体格结实，发育匀称，体重、外貌符合本品种要求的鸡转到产蛋鸡舍。把那些不符合要求的鸡淘汰掉，断喙不良的鸡也要重新修整。可以结合转群，按鸡的体重大小完成分群工作。

(3) 计数　经质量检查过的鸡要计数。产蛋鸡舍是笼养方式的，每笼按规定放几只，密度要均匀；平养鸡舍，每个围栏或每个隔间放多少，要按饲养密度要求放入鸡数。

4.转群后的工作　转群后，尽快恢复饮水，2～4小时后喂料。为防止维生素缺乏，饲料中添加1～2倍的复合维生素或电解质。饲料仍使用育成后期料。产蛋鸡舍采用乳头式饮水器，育成期采用其他饮水设备的，转群后要不断拨动乳头，检查是否有水，并尽快教会新母鸡饮水。为使鸡群尽快熟悉产蛋舍内的环境，应给予48小时的光照，2天后再恢复到正常的光照制度（图7-5）。

图7-5　育成鸡上笼后先连续供给48小时光照，然后恢复正常光照

经常观察鸡群，特别是笼养鸡，防止卡脖而死，跑出笼外的鸡要及时抓回笼内。由于转群的应激，出现部分的弱鸡，要及时挑出淘汰。经1周左右的适应后，依次进行免

疫接种、换料、补充光照等。免疫接种也可在转群时同时进行，以避免二次应激（图 7–6）。

图 7–6　转群时或 1 周后进行免疫接种

（二）三阶段饲养法

三阶段饲养法是将母鸡按产蛋率高低将产蛋期分为 3 个阶段：从开产起至产蛋率 80% 之前为第一阶段，通常是 21 周龄初至 28 周龄末；当鸡群的产蛋率上升至 80% 以上，即进入了产蛋高峰期，为第二阶段，一般为 29～60 周龄；从鸡群的平均产蛋率为 80% 以下至鸡淘汰下笼，一般在 60 周龄以后为第三阶段。

1.产蛋前期的饲养管理　产蛋前期母鸡的繁殖功能旺盛。一方面母鸡要迅速提高产蛋率，大致每周增加 20%～30；另一方面母鸡的体重平均每周要增加30～40克，蛋重每周也增加1.2克左右。因此，产蛋前期的饲养管理是最重要的，这一时期日粮的粗蛋质水平为 16%～18%，每日喂给鸡 18 克优质蛋白质，1.26 兆焦代谢能。

见蛋至产蛋率达5%这段时间，母鸡改喂预产期饲料（图 7–7）。预产期饲料营养成分与高峰期饲料一样，只是钙含量为2%。换料要有近1周的过渡期。当鸡群产蛋率达5%时，

再换成产蛋高峰期料，含钙3.5%，同样也需要过渡（图7–8）。

图7–7　见蛋至产蛋率达5%时，开始补充光照，换预产料

图7–8　产蛋率达到5%后换高峰期料，换料要逐渐过渡

母鸡一旦开产，应尽量避免应激，使之能安静产蛋。应定期称体重和蛋重，检查饲养和营养状况。经常调整鸡群，将一些体重较小、冠髯较小且颜色不够红润的鸡挑出来，集中安置在中上层近光源处饲养。

2.产蛋高峰期的饲养管理　一般将蛋鸡开产后达到80%产蛋率以上的时期定为产蛋高峰期。现代蛋用鸡产蛋高峰期很长，一般可达6个月或更长。要想鸡群产蛋量高，就必须提高高峰期产蛋率和维持产蛋高峰期的时间。

首先要满足产蛋鸡所需要的环境条件，营养要满足产蛋与增重的需要。这一阶段大多数鸡一般连产6～9枚蛋后才停产1天，必须保证鸡每天能摄入足够的营养物质。每日每只

鸡进食粗蛋白质，轻型鸡要达到17～18克，中型鸡19～20克；轻型鸡的代谢能不低于1 225千焦，中型鸡不低于1 381千焦。要保证饲料质量的相对稳定，特别是日粮蛋白质、钙、磷、维生素A、维生素D_3、维生素E等含量。定期检查体重和蛋重。在进入产蛋高峰期后，鸡的体重和蛋重仍在继续增长，一直到40周龄才能达到成年鸡体重，每周检查鸡群的体重、蛋重，有助于及时了解营养状况和管理条件。

3.产蛋后期的饲养管理 此阶段饲养管理的目标是使产蛋率尽量保持缓慢地下降，且要保证蛋壳的质量。主要措施：①给蛋鸡提供适宜的环境条件，保持环境的稳定；②维持鸡的适宜体重，对产蛋高峰过后的鸡进行限制饲养（图7–9）。

图7–9 在产蛋率比高峰下降5％以后开始减少喂料量

产蛋后期的限制饲养不仅能维持产蛋期适宜的体重，利于发挥生产潜力，避免因自由采食导致的体重增加、腹脂沉积过多，使产蛋率下降，更重要的是能降低饲料成本。限制饲养一般在产蛋高峰期过后2周进行，有质的限饲和量的限饲两种方法。质的限饲主要是控制能量和蛋白质，一般能量摄入量可以降低5%～10%，将饲料中的蛋白质水平降至12%～14%。日粮中钙的配比却要增加。产蛋鸡随周龄增长，吸收钙的能力衰退，为保证蛋壳质量，要增加日粮含钙量，一般认为后期钙应为3.6%，高温（33℃）时可提高至3.7%，一般不宜超过4%。喂料量的限制以减少不超过正常食量的10%为最适宜。

（三）光　照

为了使鸡多产蛋，蛋鸡淘汰的前2周可增加光照到18小时。

产蛋鸡光照时间不能缩短，强度不能减弱，否则产蛋减少。高峰期保持16小时／天，3～4瓦／平方米。

产蛋鸡可采用天亮前天黑后两次补充光照的方法。每天早上5点开灯至天亮关，天黑就开灯至晚上9点关灯，每天保持光照16小时，每天的开、关灯时间固定不变（图7–10）。为了使蛋鸡多产蛋，蛋鸡淘汰的前2周可以把光照增加到18小时。

图7–10　人工补充光照

（四）饲养密度与通风

轻型蛋鸡每只鸡占笼底面积450平方厘米，中型蛋鸡550平方厘米。目前使用较多的是可容纳3～4只鸡的鸡笼，褐壳蛋鸡每笼3只，白壳蛋鸡每笼4只（图7–11）。每个鸡笼配置1个饮水乳头。

图7-11 白壳蛋鸡4只/笼，褐壳蛋鸡3只/笼

蛋鸡舍应保持通风良好，尤其在冬季寒冷季节，既要保持舍内一定温度，又要使鸡舍内有新鲜空气流通，避免穿堂风。密闭式鸡舍根据外界温度，定时机械通风。

（五）捡　蛋

笼养蛋鸡每天捡蛋2～3次（图7-12），散养鸡每天捡蛋4～6次，增加捡蛋次数，可减少破蛋和脏蛋；捡蛋要轻拿轻放；不合格蛋分开存放，包括过大蛋、过小蛋、过长蛋、圆形蛋、软皮蛋、无壳蛋和沙皮蛋等。

图7-12 捡 蛋

（六）随时观察鸡群

早晨开灯后观察鸡群的精神状态、采食情况、粪便情

况。捡蛋、喂料和匀料时也随时注意观察。如发现精神委顿、羽毛不整、冠脚干瘪、粪便异常（发绿、稀白或带血），说明已经有病，应及时淘汰（图 7–13）。

图 7–13　病鸡精神不振、羽毛松乱、蹲伏，缩头乍毛

夜间关灯后，饲养员要仔细倾听鸡只的动静，如有无呼吸异常声音，当发现有咳嗽、打呼噜、甩鼻和打喷嚏者应及时拿出进行隔离或淘汰，防止扩大感染和蔓延。

观察有无啄癖鸡，一旦发现要及时挑出，并检查通风是否良好，光照是否过强，饲料是否营养达标，排除引发啄癖的诱因。

体重过大、过小、瘫痪、瘸腿鸡及连续产畸形蛋的鸡应及时淘汰。

挑出停产鸡和低产鸡。停产的鸡表现为鸡冠苍白、冠小而萎缩；耻骨间距小，如果耻骨间距在2指以下，可能是低产鸡或停产鸡（图7–14）；腹部容积小，也用指宽来衡量，从鸡的胸骨末端至耻骨末端的间距，如果间距在3指以下，且腹部不柔软，可能是低产鸡或停产鸡。

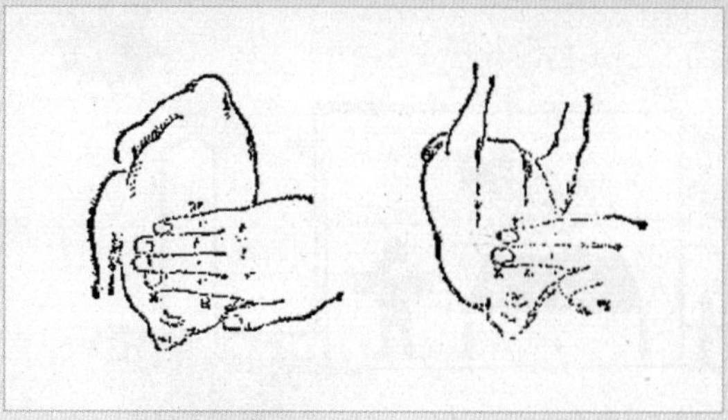

图 7–14　耻骨间距在 2 指以下，可能是低产鸡或停产鸡应及时淘汰

（七）减少应激

饲养员喂料、捡蛋、清粪、打扫卫生和日常消毒等活动动作要轻；工作服颜色不能鲜艳；饲养人员要固定，并经常注意鸡群的环境变化，使光照、温度、通风、供水、供料等符合要求（图 7–15）。根据生产情况需要调整饲料时，要注意不能突然改变，应有 1 周的过渡时间。

图 7–15　减少应激

a. 刮大风时关好门窗

b. 防止猫、鼠、鸟进入鸡舍

c. 饲喂、清扫人员要固定，减少惊群

（八）热季降温方法

产蛋鸡最适合的温度是 13℃～23℃，夏天最好能保持在 28℃以下。夏季要做好防暑降温工作，可采用下列方法：

1. **通过房顶降温**　鸡舍房顶增加隔热层，或者对房顶喷水（图 7–16）。

2. **增加通风量**　自然通风的开放式鸡舍应将门窗及通风孔全部打开，一般的商品代鸡饲养场可采用电风扇吹风，使鸡的体温尤其是头部温度下降。密闭式鸡舍要开动全部风机昼夜运转，保持通风良好（图 7–17）。

图 7–16　房顶喷水降温

图 7–17　通风良好

3.湿帘降温法　采取负压通风的鸡舍，在进气处安装湿帘，降低进入鸡舍的空气温度，可使舍温下降 6℃～8℃（图 7–18）。

图 7–18　湿帘降温法

4.喷雾降温法　在鸡舍或鸡笼顶部安装喷雾器械，直接对鸡体进行喷雾。北方夏季高温期短，蛋鸡场一般不安装降温系统，遇到短期高温，可在使用排风扇的同时，利用背负式喷雾器或高压水枪喷洒房顶和墙壁进行降温（图7–19）。

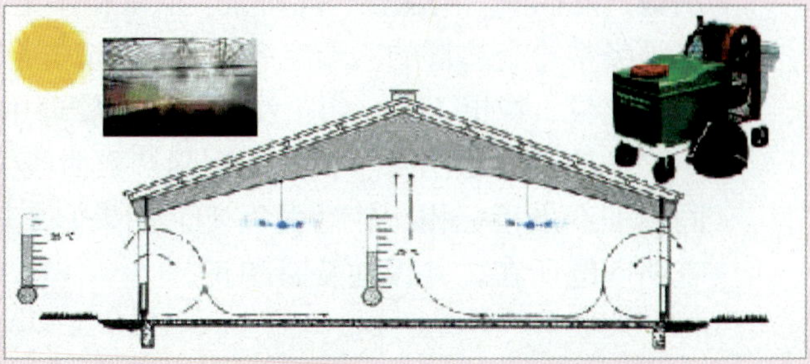

图 7–19　喷雾与通风配合使用，降温效果更好

5.供给卫生、清凉的饮水　夏季的饮水保持清洁卫生非常重要，以防止肠道细菌感染，同时要保持饮水清凉，以减轻鸡体的散热负担。水温以 15℃ ~ 30℃为宜。

6.饲料中加入抗热应激的添加剂　在夏季高温季节，可在饲料中添加0.2%小苏打和0.02%维生素C，以便更好地防暑降温，保持较高的产蛋率。

（九）冷季管理

冬季产蛋鸡舍温最好保持在10℃以上，北方有条件的鸡场在冬季可采用直热式“热风炉”供暖，效果良好。在做好保温的前提下，应注意通风换气，特别要处理好通风换气与保温的矛盾（图 7–20）。

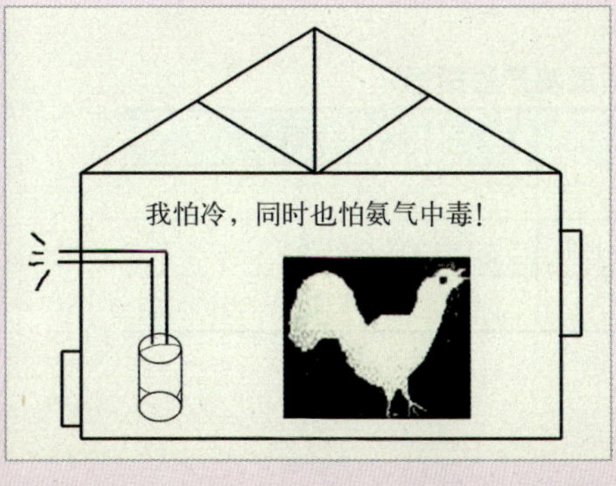

图 7–20　冬季防寒是重点，同时要注意通风，以减少呼吸道疾病

（十）做好生产记录

日常记录内容包括：日期、鸡龄、存栏数、产蛋量、存活数、死亡数、淘汰数、耗料量、蛋重和体重等。管理人员必须经常检查鸡群的实际生产记录，并与该品系鸡的性能指标相比较，找出不足，纠正和解决饲养管理中存在的问题。

还应及时绘出每个批次的实际产蛋曲线(图 7–21)，并同标准产蛋指标相比较（表 7–1)。如果偏离标准曲线，应查明问题所在，并设法及时纠正。

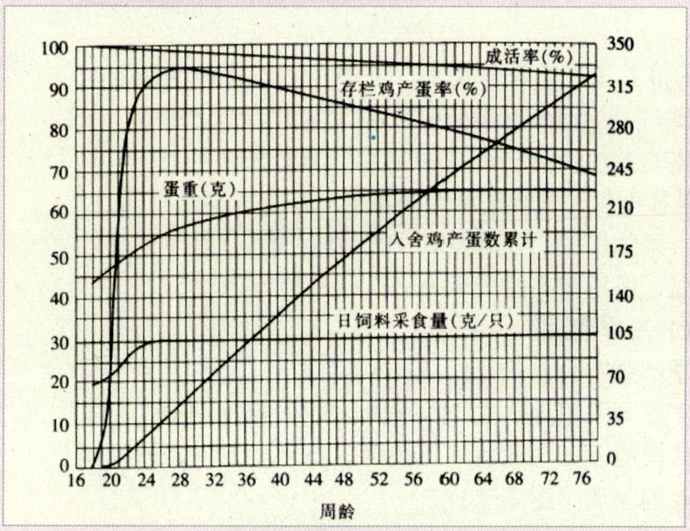

图 7–21　产蛋曲线

表 7–1　优质蛋鸡产蛋指标

项　目	时间（周龄）
达到产蛋率 50% 的时间	21～22
达到产蛋高峰期（产蛋率 90% 以上）时间	25～26
产量高峰期维持时间	3～4 个月

二、放养鸡的饲喂技术

放养蛋鸡是指在育雏舍雏鸡脱温（4～8周龄，视气温和品种而定）后放入树林、果园、草地或山地等饲养。一般白天在外面放牧，夜间回到窝棚休息，早晚补饲饲料。放养蛋鸡场应设立围网，搭建棚舍和栖架，设置产蛋箱。

（一）围网护栏

放养鸡场地应用塑料网（图7－22）、金属网（图7－23）、竹片或木桩等分成小区，一方面可以实现分区轮牧，同时将鸡隔离在农药使用区以外，还可以防止鸡跑远。密致金属网还可防止鼠兽侵害鸡群。

网眼大小以鸡头不能钻出为宜，一般为3.3厘米左右，网丝直径一般在2毫米左右。塑料网便宜，但长期经风吹日晒容易糟烂；金属网造价较高；竹片和木桩在一些地区可能较为方便、便宜，而且对于观光养殖基地还具有一定的观赏价值。

图7－22　塑料围网

图7－23　金属围网

(二) 栖　架

栖架供鸡夜间休息使用，冬天可减少地面低温的影响，减少与粪便的接触，减少微生物感染的机会（图 7–24）。栖架由栖木和支架组成，有两种形式，将竹木结构的栖木钉成凳子形状摆放在鸡舍，叫平架（图 7–25a），将栖木钉成梯子形式靠在墙上叫立架（图 7–25b）。支架可以由金属或木料制成。

图 7–24　栖 架

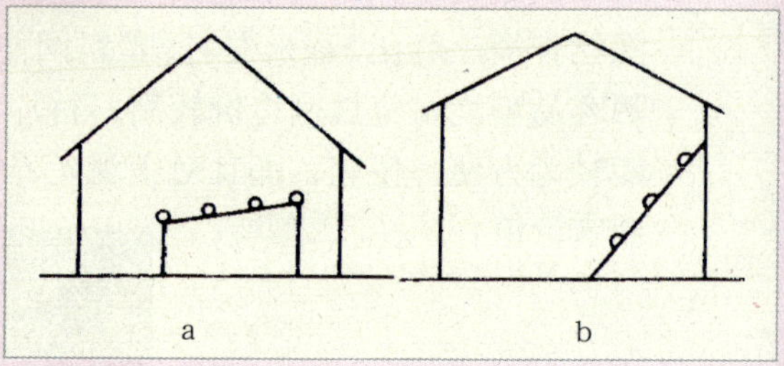

图 7–25　栖架示意图
a. 平架　b. 立架

(三) 产 蛋 箱

放养蛋鸡应合理设置产蛋箱，以减少窝外蛋、脏蛋和破蛋等。一般每5只鸡设置1个产蛋箱。产蛋箱离地高度40～50 厘米，内部宽 30～35 厘米，深 35～40 厘米，高 30～40 厘米。可以在舍外集中设置产蛋箱（图 7–26）。山坡上可利用地势直接用砖瓦砌成（图 7–27）。棚舍内的产蛋箱可以用塑料筐、木箱、编筐或竹篮制作（图 7–28）。

图 7–26　放养鸡舍外产蛋箱

图 7–27　山坡上可直接利用砖石砌成产蛋箱

图 7–28　棚舍内的产蛋箱

（四）放养鸡补料

1. 补料时间和补料次数　傍晚补料效果最好，使鸡白天能全天在外觅食，傍晚根据饥饱情况决定补料量。傍晚食欲旺盛，鸡吃饱后上栖架休息，有利于营养物质的消化利用；傍晚补料可诱导鸡回巢（图 7-29）。

补料次数以每天1次为宜，次数过多会促使鸡不去野外觅食，从而增加补料成本。

图 7-29 放养鸡补料

2.补料形态和水平

（1）补料形态 放养蛋鸡仅仅依靠野外采食，不能满足产蛋需要，应适当补充精料、青草、青菜或谷物类饲料。

放养鸡可补饲谷物子粒（玉米、稻谷、高粱、小麦等原粮）、粉料或颗粒料（图 7-30）。补饲子粒的优点是方便，鸡喜欢采食，但营养不全面，不宜单独饲喂；补饲配合粉料营养全面，但适口性较差，容易引起挑食，需要料具较多，容

图 7-30 补料形态
a.谷物子粒 b.粉料
c.颗粒料

易被风吹散。粉料细度在1～2.5毫米为宜。颗粒料鸡喜欢采食，价格稍高一些。

（2）补料水平　放养鸡的补料水平没有统一标准，视具体情况而定。鸡野外觅食的主要对象是虫、草和沙砾，可以满足部分蛋白质、维生素和微量元素的需要。但采食数量千差万别，因此很难有统一标准。建议补给配合饲料，代谢能、粗蛋白质、主要氨基酸、钙、磷及食盐水平按2004年《鸡饲养标准》配制，维生素和微量元素预混料减半，原料选择及配方计算方法同第三章所述。

（五）放养鸡的喂料和饮水设备

放养鸡喂料设备可采用自动圆形料桶、金属或塑料槽，也可自制水泥料槽，还可使用整块石棉瓦（图7–31）等，但容易踩脏饲料和造成更多的饲料浪费。

图7–31　放养鸡场喂料与饮水器具

放养鸡活动量大，需要提供充足清洁的饮水。可采用吊塔式饮水器，金属或塑料水槽，最简易的办法是在地面挖沟，铺上塑料膜（图7–32），每天更换或清洗、消毒塑料膜，换上清洁水。

图 6–32　放养鸡自制简易饮水槽

（六）放养鸡的防疫卫生

放养鸡由于活动空间大，与外界广泛接触，容易受昆虫、鼠害和鸟害等侵扰，接触有害细菌、病毒及寄生虫的机会增加，因此要特别重视免疫和环境消毒（图 7–33）。首先确保饲料和饮水的清洁卫生，经常对环境进行消毒。严格按免疫程序和正确方法进行免疫，免疫在鸡只回圈后的夜间进行，不能遗漏，禽流感的免疫尤为重要。放养鸡球虫病普遍，应定期进行预防投药，但应注意药物残留问题。

图 7–33　放养场地也应经常消毒

第八章　蛋鸡场的日常消毒与防疫

当前鸡病发生的特点是发病频繁，混合感染，呼吸道疾病多，用药效果不明显，难以控制。造成这一后果的主要原因是鸡舍环境差，鸡群管理不科学，体质弱，卫生消毒制度不健全，免疫失败。要扭转这种局面，必须采取综合的疾病预防措施。

一、消毒与防疫的重要性

健全的卫生消毒制度，可将90%以上的病原微生物杀灭（图8–1）。因此，鸡场卫生消毒是日常管理的重要环节，是控制和消灭病原微生物、防止鸡群发病的有效措施。蛋鸡的消毒，包括鸡场环境、鸡舍、设备及用具、人员等多个环节的消毒。

图8–1　消毒防疫是养鸡能否成功的关键（图片引自新华网）

二、日常消毒

（一）鸡舍的消毒

鸡舍消毒包括房舍、设备、器具的清扫、冲洗和消毒（图8-2）。一般按表8-1的工艺流程进行。

图8-2　鸡舍消毒

表8-1　鸡舍消毒工艺流程

步　骤	操　作　方　法
清理器具	将可移动工具如饮水用具、供料用具、清粪用具等搬出舍外指定地点进行冲刷、晾晒、消毒
鸡舍清扫	先清理鸡粪，再彻底清扫，包括顶棚、死角、鸡笼、鸡架、鸡舍四壁和地面等
冲　洗	用高压水枪冲刷顶棚、死角、墙壁、鸡笼、鸡网架、地面等，彻底清除粪便、灰尘及蜘蛛网等
设备复位	将移出后清洗和消毒过的料桶、料槽、饮水器等用具重新搬至舍内，并安装调试正常
喷洒消毒	喷洒顺序：地面→顶棚→墙壁→鸡笼（或棚架）和设备→地面；消毒步骤：消毒→干燥鸡舍→再消毒→再干燥鸡舍。可保证较好的消毒效果
熏蒸消毒	封闭门窗、通风孔。将高锰酸钾放入瓷盆，然后小心将福尔马林倒入盆中，迅速撤离，关严门窗。24小时后打开门窗。熏蒸时鸡舍温度高于20℃，相对湿度70%，消毒后关闭鸡舍，避免闲杂人员入内

育雏舍、发生过传染病或旧鸡舍消毒应更严格，金属围栏与铁质料槽等在冲洗晾干后用火焰喷枪灼烧(图8–3)，再进行药物消毒。

图 8–3 火焰消毒

（二）设备用具的消毒

1.料槽、饮水器 塑料制成的料槽与饮水器，可先用水冲涮，洗净晒干后再用0.1%新洁尔灭液刷洗消毒。在禽舍熏蒸前送回去，一道熏蒸消毒。

2.蛋箱、蛋托 反复使用的蛋箱与蛋托，特别是送到销售点又返回的蛋箱，传染病原的危险很大。因此，必须严格消毒。用2%苛性钠热溶液浸泡与洗刷，晾干后再送至禽舍。

3.运鸡笼 送淘汰鸡出场的运鸡笼，要在场外用清水冲洗干净并用消毒剂浸泡或过氧乙酸等进行喷雾消毒后再运回鸡场，鸡笼运回鸡场后再进行冲洗和晒干消毒，然后才能使用。

（三）环境消毒

1.消毒池 用2%苛性钠溶液，池液每天换1次；用0.2%新洁尔灭每3天换1次。大门前通过车辆的消毒池宽2米、长

4米，水深在5～10厘米（图8–4），人员与自行车通过的消毒池宽1米、长2米，水深在3厘米以上。

2.禽舍间的空地　每季度先用小型拖拉机耕翻，将表土翻入地下，然后用火焰喷枪对表层喷火，烧去各种有机物，定期洒石灰等消毒药（图8–5）。

图8–4　消毒池

图8–5　地面撒石灰消毒（图片引自新华网）

3.生产区的道路　生产区道路和鸡舍外环境，每天用0.2%次氯酸钠溶液等喷洒1次，如当天运家禽则在车辆通过后消毒（图8–6）。

图8–6　鸡舍外环境消毒

4.带鸡消毒　带鸡消毒是鸡场的日常消毒方式之一。带鸡消毒多采用喷雾消毒（图8–7）。选择对鸡无害的消毒药，可使用电动喷雾器或农用喷雾器。每平方米地面用药液量60～180毫升，每隔1～2天喷1次。对雏鸡喷雾，药物溶液的温度要比育雏器供温的温度高3℃～4℃。当鸡群发生传染病时，每天带鸡消毒1～2次，连用3～5天。

图8–7　带鸡消毒
（图片引自新华网）

（四）常用消毒药

常用消毒药见表8–2。为了避免产生抗药性，不同消毒药应交替使用。

表8–2　常用消毒药物及使用方法

品　名	用途、浓度和消毒方法
新洁尔灭	0.1%溶液用于洗手、浸泡种蛋及带鸡喷雾消毒。不能与肥皂及其他合成洗涤剂一起使用
过氧乙酸	0.1%～0.5%溶液，用于用具、鸡舍、地面喷雾消毒；0.3%溶液用于带鸡消毒
福尔马林	5%～10%溶液喷洒用具、鸡舍及排泄物等
	熏蒸密闭式鸡舍。加等量水，每立方米15～30毫升，加热，密闭24小时。还可按1立方米用高锰酸钾14克和福尔马林28毫升进行熏蒸消毒，旧鸡舍加倍
百毒杀	0.2%～0.5%溶液用于鸡舍、环境、用具及带鸡消毒

续表 8–2

品　名	用途、浓度和消毒方法
来苏儿	1%～2%溶液用于洗手消毒，5%～10%溶液用于喷洒用具、鸡舍及排泄物等
烧碱（氢氧化钠或苛性钠）	1%～3%溶液，用于饲槽、鸡舍、土壤、运输工具等消毒。消毒地面6～12小时后用清水冲洗
漂白粉	5%～20%混悬液，用于喷洒鸡舍、地面、粪场、车辆及排泄物等，1%～3%漂白粉澄清液，用于食具消毒
生石灰	加等量水熟化，再加9倍水稀释，制成10%石灰乳，用于喷刷墙壁、地面，喷洒粪场及垃圾场等，也可直接撒粉于阴湿地面或粪便上

三、蛋鸡场废弃物的无化害化处理

防制危害畜禽最严重的传染病，始终是我国畜牧业发展的一项重要环节。在我国养殖业生产中，常常只注意应用疫苗免疫预防与药物防治，而对蛋鸡场废弃物处理不当，造成病原微生物的蓄积、污染，使养殖场的疾病增多、难以控制。

养鸡场废弃物主要包括鸡粪和鸡场污水、病死鸡只和废弃的垫料等。常用的无害化处理方法见表 8–3。

表 8–3　蛋鸡场废弃物无害化处理方法

处理方法	具体做法
生物发酵法	在距离舍100～200米远选一粪场，挖一浅坑，将鸡粪、垫草等堆积1～1.5 米高，然后抹上10厘米厚的泥土，堆放3周以上
消毒掩埋法	将鸡粪、垫草等与漂白粉溶液或20%石灰乳混合，掩埋在地下2米左右
焚烧法	发生传染病时粪便和尸体的最佳处理办法是焚烧法。可以用焚烧炉焚烧也可采取深坑焚烧，即挖一深坑，支上铁架，放上木材，再放上鸡粪或死鸡，用干草点燃，彻底焚烧（图 8–8）

图 8-8 深坑焚烧

四、免 疫

免疫是通过给鸡体接种某种抗原物质（疫苗或菌苗），刺激鸡体使之产生特异性抗体，从而提高鸡群对该种病原微生物侵袭的抵抗力，达到预防此病的目的，减少发生该种疾病的机会。

（一） 疫（菌）苗的接种

疫苗的接种方法主要有注射、饮水、滴鼻、点眼、气雾、刺种、口服等，在使用前一定要认真阅读疫苗使用说明书，按其所注明的方法接种。

1.滴鼻、点眼法　将500只鸡的剂量用25毫升凉的生理盐水稀释，摇匀后用滴管（眼药水瓶也可）在鸡的眼、鼻孔各滴1滴（约0.05毫升），让疫苗液体进入鸡气管或渗入眼中（图8-9）。注意固定雏鸡的手食指堵上另一侧鼻孔，以利疫苗吸入，点眼要待疫苗扩散后才能放开鸡只。此法适合雏鸡的新城疫Ⅱ、Ⅲ、Ⅳ系疫苗和传染性支气管炎、传染性喉炎等弱毒疫苗的接种。

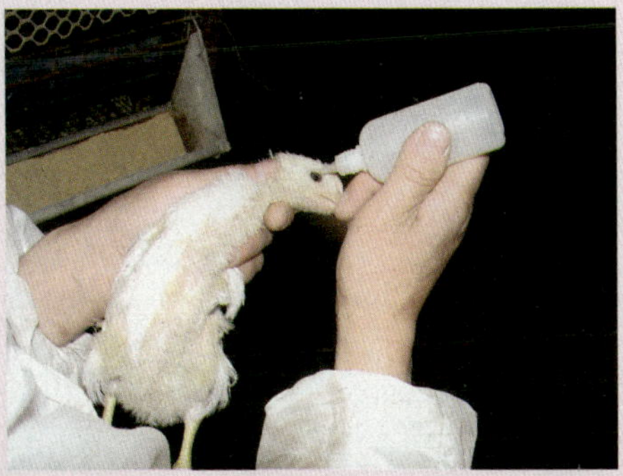

图 8-9 滴鼻、点眼法免疫接种

2.肌内注射法　按每只鸡0.5～1毫升的剂量将疫苗用生理盐水稀释，用注射器在鸡腿、胸或翅膀肌肉内注射（图8–10）。注射部位要避开大血管、神经，在肌肉丰满处斜向刺入，防止因注入太深刺伤内脏器官导致死亡。此法适合于新城疫Ⅰ系疫苗、禽霍乱弱毒苗等灭活疫苗免疫。肌内接种时，要备足针头，要常换针头。要注射在肌肉浅层，进针方向要与肌肉呈15°～30°角，用7号短针头。

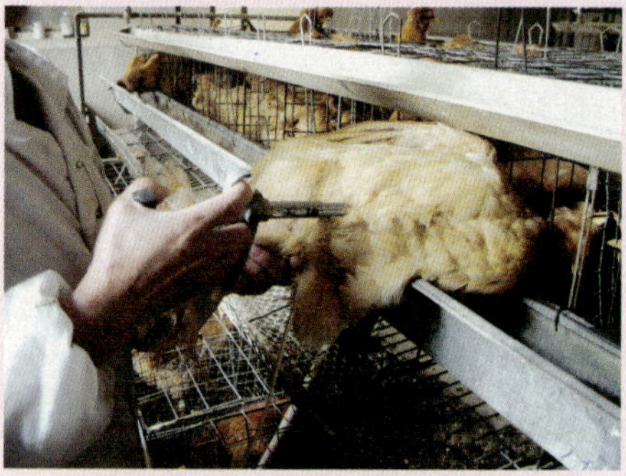

图8–10　肌内免疫接种

3.皮下注射法　适合鸡马立克氏疫苗接种。将1000只剂量的疫苗稀释于200毫升专用稀释液中。注射时，在鸡颈部后段(靠翅膀)捏起皮肤，刺入皮下注射0.2毫升（图8–11）。常换针头。此法也适合产蛋鸡群免疫，对产蛋基本没影响，产蛋鸡最好不要肌内注射。

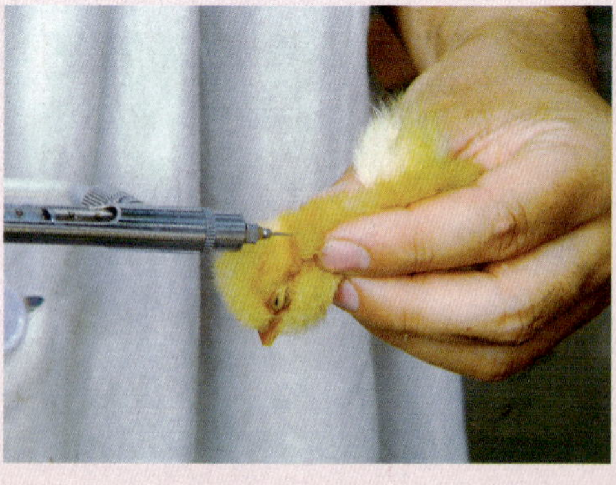

图8–11　皮下免疫接种

4.翅膀内刺种法　将1 000只剂量的疫苗，用25毫升生理盐水稀释，充分摇匀。用接种针蘸取疫苗，刺种于鸡翅内侧三角翅膜区，注意避开血管（图8–12）。小鸡刺1针，成鸡刺2针。此法适用于鸡痘疫苗接种。3天后抽查刺种部位，若有小肿块或红斑，表明免疫接种成功。否则，需要重新刺种。

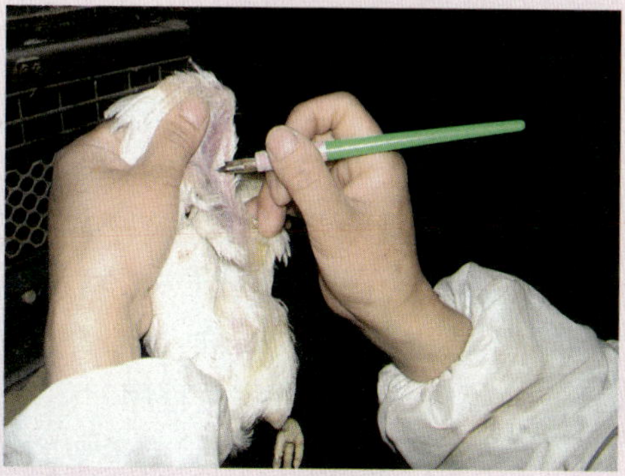

图8–12　翅膀下鸡痘刺种

5.饮水法　此法适合鸡新城疫Ⅱ系、鸡新城疫Ⅳ系和法氏囊等弱毒疫苗的接种。饮水器反复冲洗干净，最好再用冷开水冲洗一遍。用冷开水稀释疫苗，疫苗用量加倍，并在饮水中加入0.2%脱脂奶粉。不能直接用自来水稀释，不得用金属器具盛水。

疫苗水应在1～2小时内饮完，水用量为2周龄以内每只鸡8～10毫升，2～4周龄12～15毫升，4～8周龄20毫升，8周龄以上40毫升。接种前鸡群断水3～4小时以上，炎热夏季可以减为2～3小时。饮水器数量要充足，以使鸡群能同时饮用，饮水器摆放要均匀，24小时内不准饮高锰酸钾水及其他消毒药水。

（二）免疫注意事项

第一，发病鸡群不宜接种。

第二，疫苗按说明书的要求保存和使用。

第三，购疫苗应从保质量、守信誉的大厂家直接进货，尽量减少中间环节。疫苗过期、冻融过、变色等不能用。

第四，疫苗应现用现配。

第五，接种过程中可能有浪费，通常500头份疫苗接种400只鸡左右。

第六，接种活菌苗前后各几天，鸡群应停止使用菌苗菌株敏感的抗生素药物。

第七，尽量减少接种应激。在免疫前后2～3天增加饲料中维生素的含量（一般增加2～3倍）。在接种疫苗的同时不要进行断喙、转群、换料等工作，否则将影响抗体的产生。

（三）参考免疫程序

免疫程序不是固定不变的，应根据当地的疫情随时进行适当的调整。表8-4所列的蛋鸡免疫程序可供参考。

表8-4 商品蛋鸡免疫程序

日 龄	疫 苗	接种方法	备 注
1	马立克氏CV1988细胞结合苗	颈部皮下注射	
7	新城疫、传染性支气管炎、肾型传染性支气管炎二价三联苗（$CLONE_{30}+H_{120}+28/86$）	滴鼻或点眼	污染区可提前2日
12	传染性法氏囊中等毒力苗	饮水或滴鼻	饮水中加入0.5%的脱脂奶粉
22	传染性法氏囊中等毒力苗	饮水或滴鼻	—
30	新城疫Ⅳ系＋传染性支气管炎苗H_{52}，新、肾二联油苗	点眼、滴鼻，皮下注射	—
45	传染性鼻炎油苗	肌内注射	疫区使用
55	禽流感疫苗	肌内注射	—

续表 8–4

日　龄	疫　苗	接种方法	备　注
60	新城疫、肾型传染性支气管炎二联油苗	肌内注射	–
100	大肠杆菌油苗	肌内注射	疫区使用
115	禽流感疫苗	肌内注射	
125	新城疫、传染性支气管炎、减蛋综合征三联油苗，或新城疫、减蛋综合征二联油苗	肌内注射	–

注：产蛋后，每1.5～2个月饮1次新城疫Ⅳ系疫苗，或根据抗体水平确定疫苗接种时间

如受禽流感威胁，安排14日龄左右首免禽流感，40～50日龄左右二免，开产前追加1次。300日龄用禽流感多价灭活苗注射。

五、重要的综合防疫措施

第一，树立强烈的防疫意识，坚持“预防为主”。

第二，坚持“全进全出”制度。同一场或同一鸡舍只养同一批鸡，两批间隔2周以上。

第三，严禁外来人员进入鸡场。

第四，每栋鸡舍入口处设消毒池，最好淋浴更衣进入鸡舍。

第五，场大门设消毒池、对车辆消毒；

第六，饲养员尽量不与场外家禽接触，不得将场外活禽和鲜蛋等产品带入场内。

第七，不同鸡舍饲养员不得互串。

第八，病鸡尽快隔离，死禽要焚烧或深埋，杜绝飞鸟进入鸡舍。

参考文献

1 黄炎坤等.新编科学养鸡手册.中国农民出版社，2002
2 王海荣.蛋鸡无公害高效养殖.金盾出版社，2004
3 宁中华.节粮型蛋鸡饲养管理技术.金盾出版社，2006
4 臧素敏等.鸡高效养殖教材.金盾出版社，2005
5 江苏省畜牧兽医学校.实用蛋鸡高效饲养200问.中国农业出版社，2000
6 姜懋武.饲料原料简易检测与掺假识别.辽宁科学技术出版社，1998
7 康树恒等.怎样配鸡饲料.金盾出版社，2004
8 李英,谷子林.规模化生态放养鸡.中国农业大学出版社，2005
9 唐辉等.简明蛋鸡饲养手册.中国农业大学出版社,2002
10 杨宁等.家禽生产学.中国农业出版社，2002
11 杨宁等.现代养鸡生产.北京农业大学出版社，1994
12 杨山等.现代养鸡.中国农业出版社，2002
13 张献仁等.新编实用养鸡手册(第二版).江西科学技术出版社，1994
14 赵志平.蛋鸡饲养技术（修订版).金盾出版社，2003